基礎から学べる

菌類生態学

Basic Fungal Ecology

大園享司 著

共立出版

はじめに

本書は，日本語で読める初めての菌類生態学の入門テキストである．生態学も，菌類も，生物学全体のなかでみると，多くの読者にとって馴染みの薄い学問分野・対象生物かもしれない．植物や動物と同じように，菌類でも生態学ができるのか，と聞いてくる人も多い．このような現状をふまえて，本書では，菌類生態学に初めて触れる読者が基礎的な事項を親しみながら学べるよう配慮した．

- 本書は12章からなり，基礎生物学編，生態機能編，生態解析編の3部構成とした．
- 基礎生物学編では，菌類学についての基礎的な内容をまとめた．続く生態機能編と生態解析編は，いうなれば菌類生態学の縦糸と横糸に相当する．生態機能編では，個別の生態機能群に注目して，その生態を紹介した．生態解析編では，どの生態機能群にも共通して適用可能な生態学の研究法と多様性の解析法についての基礎的な事項と，近年めざましい進展を遂げている菌類生態学のフロンティアとをバランスよくまとめた．
- 簡潔な表現を心がけるとともに，基礎的，導入的な内容に絞り，盛りだくさんにならないよう留意した．基本用語，中心概念などのキーワードは太字で目立つようにするとともに，図表を多く入れるように心がけた．
- さらに深く勉強したい人のために，各章の内容に関連する日本語の文献をリスト化して，各章の末尾に入れた．
- 各章の末尾には，理解度チェッククイズを2～3問ずつ入れた．クイズに取り組むことで，菌類の生態学についての学習を主体的に深めることができるだろう．回答例は本書の末尾にまとめて記したが，まずは自力で回答してみることを勧める．

- 各章に，興味や必要に応じて参照できる BOX を入れた．補足的な内容の紹介，野外調査や学会の参加体験記，大学で担当している講義についての紹介記事，などである．一部の記事は，章をまたいでの連載になっている．
- 各章で引用した英語文献は，本書の末尾にまとめて記し，参照できるようにした．

本書の記述は，主に私がこれまでに担当してきた教養科目・基礎専門科目の講義メモと配布資料に基づいている．読者として，菌類生態学を初めて学ぶ教養課程の大学学部生を念頭に置いているが，生物学を専攻する大学生・大学院生や，高校や中学の理科の先生，菌類や生物，自然や生態系に興味をもつ一般の方にも目を通していただきたい．

本書を通じて，普段ほとんど学ぶ機会のない，豊かで多様な「菌類生態学」の世界に少しでも興味をもつきっかけになれば幸いである．

本書の出版にあたり，広瀬大博士（日本大学薬学部），松岡俊将博士（兵庫県立大学大学院シミュレーション学研究科），酒生沙弥香氏（同志社大学理工学部）には，原稿に対して貴重なコメントと，丁寧なチェックをいただきました．ただし本書の内容や表記に誤りがあれば，それはすべて著者の責任です．広瀬大博士，稲葉重樹博士（製品評価技術基盤機構バイオテクノロジーセンター），小野田雄介博士（京都大学大学院農学研究科），柴卓也博士（農研機構中央農業研究センター），菅原幸哉博士（農研機構畜産研究部門），D・ワートマン氏と T・ホルムズ氏（カナダ森林局太平洋岸森林センター），森泉氏（京都大学工学部）には，貴重な写真をご提供いただきました．武田博清先生（同志社大学理工学部，京都大学名誉教授），徳増征二先生（筑波大学元教授），相良直彦先生（京都大学名誉教授）には，菌類の生態学についてご指導をいただきました．中井一郎先生（大阪教育大学附属高等学校）には，生物学に興味をもつきっかけをいただきました．広瀬大博士，深澤遊博士（東北大学大学院農学研究科），松岡俊将博士，森章博士（横浜国立大学環境情報研究院），奈良一秀博士（東京大学大学院新領域創成科学研究科），清和研二博士（東北大学大学院農学研究科），谷口武士博士（鳥取大学乾燥地研究センター），内田雅己博士（国立極地研究所研究教育系生物圏研究グループ），その他ここには書き切れない多くの方々には，本書でも紹介した菌類の生態学研究に共同で取り組む機会や，貴重なご意見をいただきました．共立出版株式会社取締役の信沢孝一氏と，同社編集部の山内千尋氏には，本企画に対する的確な助言と，編集に際して得難い助力をいただきました．両親と家族からは，いつも変わらぬ励ましと支えをいただきました．ここに記して，これらの方々に深く感謝の意を表します．

なお，BOX5-3 と BOX7-2 は日本菌学会ニュースレターに寄稿した紹介記事の内容を，BOX6-2 と BOX11-1 は京都大学新聞の複眼時評に寄稿した内容を，BOX8-1 は京大広報の洛書に寄稿した内容を，BOX12-1 は京都大学生態学研究センターニュースに寄稿した内容を，それぞれ一部改変して再録した．写真提供（ピクスタ）：図 1-1d，1-2，1-3，1-4，1-6，3-8a，3-8b，3-10a，3-10b，5-3a，5-3b，6-7，9-1b．

2018 年 1 月　大園享司

目 次

第2部 生態機能編 75

第5章 内生菌 77

第6章 菌根菌 98

第7章 病原菌 118

第3部　生態解析編　177

第1部
基礎生物学編

第１章から第４章では，菌類の生態を理解する上で必須となる，菌類を示す用語や，系統分類，菌類の生物学的な特徴についての基礎的な内容を取り上げる．

第1章

菌類はどのような生物か

菌類とは一般に，きのこ・かび・酵母として知られる生物である．しかし実際のところ，どのような生物を指すのだろうか．

本章では，普段あまり意識しない「菌類」とよばれる生物の範囲について検討していく．まず，菌類にまつわるさまざまな用語を整理し，本書で扱う「菌類」とよばれる生物を定義する．その上で，菌類は地球上に何種いるのかについて考える．本章で出てくる生物学の基本用語は章末のBOX1-1でまとめて解説しているので，必要に応じて参照してほしい．

1-1　菌類にまつわる用語

菌類（fungus，複数形 fungi）とは一般に，きのこ・かび・酵母として知られる生物である．また，「菌類は微生物である」というときもある．これら「きのこ」，「かび」，「酵母」，「微生物」の語は，日常会話のなかで普通に使われているし，新聞や書籍でもよく用いられる．菌類を専門とする研究者も，学術論文のなかで普通に使っている．それらの名を冠した学会すらある．本書でも，たびたび出てくることになるだろう．では一体，これらの語は，具体的に，どのようなグループの菌類を指しているのだろうか．そもそも，それらの語が指す生物は，すべて菌類といえるのだろうか．

1)　きのことかび

いずれも一般的な用語だが，学術用語ではない点に注意が必要である．菌類を研究する学問分野は菌学（mycology）とよばれるが，菌学では，きのこやかびが特定の分類群を指すことはない．これらの用語は，ある菌類の種やグループを指して用いられる場合もあれば，菌類の子実体や菌糸体を指して使われる場合もある．いずれにせよ，曖昧な用語といえる．

きのことかびという2つの用語を，明確に定義するのは難しい．一般的な用法から推察する限りでは，これらは菌類の生殖器官のサイズに注目した用語であり，かつ，両者は対比して用いられることが多いように思われる．本書では，次のような事物を指すこととする．

【きのこ】（mushroom, toadstool）（図1-1）
1 菌類の大型の生殖器官（子実体）．
2 大型の生殖器官（子実体）を作る菌類．
【かび】（mold）（図1-2）
1 微小な生殖器官を作る菌類．
2 生殖器官を作らず菌糸で存在する菌類．

これらの用語解説のなかで，サイズを表す「大型」，「微小」の語が出てくるが，これらも曖昧である．本書では，裸眼でみえるものを「大型」とし，顕微鏡を使わないと形状が分からないものを「微小」とする．一般には，裸眼でみえる限界は0.1ミリメートル程度であるといわれる．同じ意味で，裸眼で観察できる菌類を**大型菌類**（macrofungus，複数形 macrofungi），顕微鏡サイズの菌類を**微小菌類**（microfungus，複数形 microfungi）とよぶ場合がある．大型菌類と微小菌類については，8-1節で再び触れる．

2)　菌糸と酵母

これらは菌類の栄養器官の形状を指す，菌学用語である．

【菌糸】（hypha，複数形 hyphae）
糸状の栄養細胞．先端成長（apical growth）により伸長する．分枝（branching）により先端（hyphal tip）の数が，隔壁（septa，複数形 septae）の形成にともなって細胞数が，それぞれ増加する．多細胞化し，菌糸体（mycelium，複数形

図 1-1　一般に「きのこ」といえば，例えばナラタケ *Armillaria mellea*（a）のように，担子菌類の子実体をイメージする人が多いだろう．担子菌類のサンコタケ *Pseudocolus schellenbergiae*（b）やハナビラタケ *Sparassis crispa*（c），オニフスベ *Calvatia nipponica*（d），子囊菌類のマメザヤタケ *Xylaria polymorpha*（e）のように，一般的なイメージと異なる形態の子実体（きのこ）も多い．

mycelia）となる．菌糸により生育する菌類は，糸状菌（filamentous fungus）とよばれる．既知の菌類種の約 99%が，糸状菌である．

図 1-2　かびの生えたミカン．菌糸体の上に，微小な分生子が密に形成されている様子．

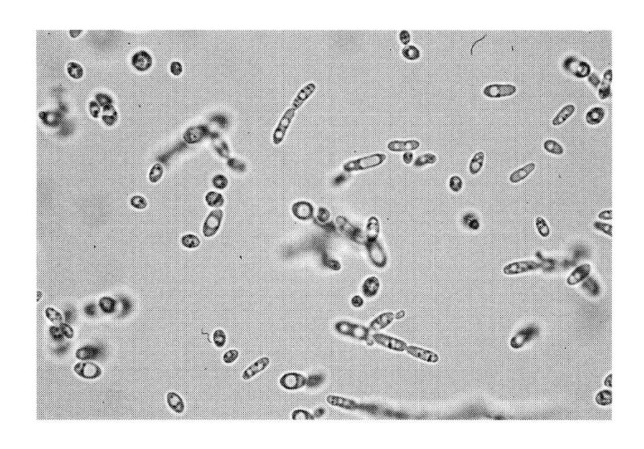

図 1-3　パン酵母 *Saccharomyces cerevisiae*.

【酵母】（yeast）

単細胞の栄養細胞．増殖は**出芽**（budding）や**分裂**（fission）による．酵母で生育する種として，これまでに約 1,300 種が知られている．アルコール発酵を行うサッカロマイセス・セレビシエ *Saccharomyces cerevisiae* が，代表的な種である（図 1-3）．このように，酵母という語は，特定の菌類の種や分類群を指す語ではない．

同じ種や個体でも，菌糸型と酵母型の生育形態が，生活史の段階や生育環境

図 1-4　シロキクラゲ *Tremella fuciformis.*

によって切り替わる場合があり，**二形性**（dimorphism）とよばれる．二形性の菌類の例として，シロキクラゲ綱の種（図 1-4）や，養菌性キクイムシにより運搬されてナラ類の集団枯損を引き起こす病原菌ラファエレア・クエルキボーラ *Raffaelea quercivora* がある（7-1 節を参照）．

3)　菌類は微生物か

微生物（microbe, microorganism）は，肉眼では見ることのできない顕微鏡サイズの小さな生き物である．微生物は，オランダの商人であったアントーニ・ファン・レーウェンフック（図 1-5）が自作した顕微鏡により，1674 年に初めて発見された．

微生物には，系統的，栄養的，機能的に，極めて多様な生物が含まれる．系統的には，原核微生物である細菌・古細菌と，真核微生物である藻類・原生動物・偽菌類・菌類などが含まれる．栄養的には，独立栄養性の微生物と従属栄養性の微生物とが含まれる．生態系における機能の面では，微生物は生産者，捕食者，寄生者，分解者などに位置づけられる．

では，菌類は微生物なのだろうか．菌糸や酵母で生育している段階では，肉

図 1-5　レーウェンフック.「微生物学の父」とよばれる.

眼では観察できないほど微小なので，微生物とよぶことができる．しかし中には，肉眼で観察可能な大型の子実体を形成するものもいる．オニフスベに至っては，子実体の大きさが直径 50 センチメートル以上にもなる（図 1-1d)．これは，微生物とは言い難いサイズである．菌類は，微生物ともいえるし，大型生物ともいえる.

1-2　菌類とよばれる生物

菌類にはどのような生物が含まれるのだろうか．菌類とそれ以外の生物とを区別する「基準」は何だろうか．本節では，2008 年出版の「菌類の事典（Dictionary of the Fungi）第 10 版」に従って，菌類とよばれる生物の範囲について考える（Kirk ら 2008)．「菌類の事典」の「菌類（FUNGI)」の項には，「菌類とは何か」について記述があるが，その冒頭には以下の 9 つの項目が挙げられている.

1)　**真核生物**である

あらゆる生物は，真核生物と原核生物に大別される（BOX1-1 を参照）．真核生物には，動物，植物，菌類などが含まれる．原核生物には，細菌と古細菌が含まれる．菌類は真核生物である．よって，同じ微生物でありよく混同されるが，原核生物である細菌・古細菌は，菌類ではない．これら細菌類と区別するため，菌類は真菌類とよばれる場合がある．

2)　色素体を欠く

色素体はプラスチド（plastid）ともよばれ，光合成色素を含む葉緑体などの細胞小器官を指す．植物や藻類は色素体を有するが，菌類は色素体をもたない．かつて菌類は植物に分類されていたが（2-1 節を参照），現在は菌類は植物とは独立の生物群である．

3)　**従属栄養性**で，栄養摂取は細胞表面からの**吸収**による

植物や藻類などの光合成生物は，独立栄養性である．一方，菌類や，われわれ人間を含む動物は，従属栄養性である（BOX1-1 を参照）．このうち動物は，摂食，すなわち食物を口から取り込むことにより栄養を摂取する．これに対して菌類は，細胞表面からの吸収により栄養を摂取する（3-4 節を参照）．

4)　食作用をもつアメーバ段階をもたない

変形菌類や細胞性粘菌とよばれる原生動物がいる．それぞれツノホコリ・モジホコリや，キイロタマホコリカビなどとよばれる生物群である（図 1-6）．南方熊楠や昭和天皇が研究対象としたことでも知られる．変形菌類の胞子は発芽すると，菌糸ではなく，食作用をもつアメーバとなる．

これらの原生生物は，一見，菌類と類似した子実体を形成するなどの特徴により，かつては菌類に含まれていた（2-1 節を参照）．しかし現在では，原生動物の一群であるアメーボゾア（Amoebozoa）に分類されている．菌類は，食作用をもつアメーバ段階をもたない．よって，変形菌類と細胞性粘菌は，菌類には含まない．

図 1-6　クダホコリ．変形菌類の 1 種．

5)　細胞壁に**キチン**と**β-グルカン**をもつ

卵菌類はミズカビなどを含む生物群であり，菌糸で生育し，遊走子を形成するなど，菌類と類似した生活を営む原生生物である．このような生活様式の共通性に基づいて，卵菌類はかつて菌類に含まれていた（2-1 節を参照）．しかし卵菌類ではセルロースと β-グルカンが細胞壁の主成分であり，キチンを細胞壁に含まないため，菌類の細胞壁と組成が異なる（3-2 節を参照）．現在，卵菌類はストラメノパイル（Stramenopiles）とよばれる原生生物の一群に分類されており，菌類には含まれない．

6)　菌類は単細胞ないし多細胞である
7)　多くは鞭毛を欠く
8)　多核体で半数体（単相）の菌糸を有する
9)　二倍体（複相）は通常，短命である

この 6）～9）は，菌類の定義というより，菌類の特徴を述べたものである．6）については 1-1 節ですでに紹介した．7）については 2-1 節で，8）と 9）については 4-1 節で，それぞれ再び取り上げる．

以上をまとめると，菌類は，「細菌類・古細菌などの原核生物ではなく，植物でもなく，動物でもなく，変形菌類・細胞性粘菌や卵菌類などの原生生物でもない真核生物」ということができる．

ただし，この定義は暫定的かもしれない．2-1 節で述べるように，菌類の生物界における位置づけは，新たな観察方法・解析技術が導入されるたびに変化してきた．菌類の定義は，それ自体が時代とともに変化してきたのである．また 1-3 節で述べるように，菌類では未知の分類群がまだ多く存在すると考えられている．今後，現在知られている「菌類」とは特徴の異なる，新しい菌類が発見される可能性があり，そのたびに菌類の定義は修正されるかもしれない．

1-3　菌類の種数

地球上に菌類は何種類いるのかについて考える．ここでいう「種類」は，リンネ式分類体系に基づく「種」を指す（BOX1-1 を参照）．

身近な例から考えよう．書店で手に入る一般的な「きのこ図鑑」には，多いもので 1,000 種ほどの菌類が掲載されている．しかし菌類には，きのこ，すなわち肉眼で認識可能な大型の子実体を形成しない種も多い．いわゆるきのこだけでなく，かびや酵母も含め，日本から報告された菌類をリストアップした「日本産菌類集覧」（勝本 2010）には，約 1 万 2,000 種の菌類名が登載されている．

世界的にみると，例えば前出の「菌類の事典第 10 版」の「菌類（FUNGI）」の項には，菌類としてこれまで 9 万 7,861 種が記載されているとある（Kirk ら 2008）．1735 年にリンネが二名法を体系づけ，生物をラテン語で命名し始めてから現在までの 300 年弱で，人類は約 10 万種の菌類を類別し，それぞれに名前を与えてきた．

ただし，この約 10 万種は，地球上に存在する菌類全体の一部にしかすぎないという考え方が優勢である．地球上における菌類の推定種数として，50 万種から 990 万種という数字が提案されており，なかでも **150 万種**という推定例が多い（BOX1-2 を参照）．

仮に地球上に 150 万種の菌類がいるとして，現在までに 10 万種が記載済みであるとすると，140 万種が未記載で残されていることになる．一方，1999 年から 2009 年までの 10 年間で，世界中の菌類分類学者によって，1 年あたり平均 1,196 種が記載されている．今後もこの速度で記載が進むと仮定すると，残り 140 万種をすべて記載するのに，あと 1,170 年かかる計算になる（Hibbett ら 2011）．菌界は，まだその全貌を明らかにしていない可能性が大きい．菌類の多様性科学は，地球に残された未開拓分野（フロンティア）の一つといえる．

さらに勉強したい人のために

- デイビッド・ムアら（2016）菌類の起源と進化（第 1 部）．現代菌類学大鑑（堀越孝雄他訳），共立出版．
- 池内昌彦ほか監訳（2013）菌類（第 31 章）．キャンベル生物学（原書 9 版），丸善出版．
- 巌佐庸ら編（2013）生物学辞典 第 5 版，岩波書店．
- 勝本謙（2010）日本産菌類集覧，日本菌学会関東支部．
- 大嶋泰治ら編（2010）菌類（第 12 章）．IFO 微生物学概論，培風館．

理解度チェッククイズ

1-1　あなたの知っている「菌類」の名前をすべて記せ．制限時間は 3 分とする．

1-2　菌類とはどのような生物か，その定義を述べよ．

1-3　岩波生物学辞典第 5 版（2013）によると，きのこは「子嚢菌類や担子菌類の肉眼的な大きさの子実体に対する通俗的な名称」，かびは「生物学上の厳密な呼称ではなく，本来は有機質を含んだものの表面に生える微生物やその集落のこと．転じておもに菌類の菌糸が錯綜したもの」と説明されている．これらの説明と，本書での「きのこ」と「かび」の定義との共通点，相違点について述べよ．

BOX1-1 生物学用語の補足説明 (1)

【原核生物】(prokaryote)
【真核生物】(eukaryote)

生物は，核膜をもたない原核生物と，核膜をもつ真核生物に大別される（表1-1）．原核生物の細胞を原核細胞，真核生物の細胞を真核細胞という．

表 1-1　原核細胞と真核細胞の比較

	DNA の状態	リボソーム	細胞膜	細胞壁	他の細胞小器官	生物の例
原核細胞	核膜がなく，DNA は細胞全体に広がっている．環状 DNA（プラスミド）をもつこともある．	あり	あり	あり	なし	細菌，古細菌
真核細胞	核膜があり，DNA はヒストンとよばれるタンパク質に巻き付いた状態で核内に存在する．	あり	あり	植物，菌類にはある	ミトコンドリアや葉緑体などさまざまな細胞小器官をもつ	原生生物，植物，菌類，動物

【独立栄養生物】(autotroph)
【従属栄養生物】(heterotroph)

生物は，栄養の取り方から，独立栄養生物と従属栄養生物に大別される．独立栄養生物は，無機物である光や化学物質のエネルギーを利用して，二酸化炭素から有機物を作り出す生物．従属栄養生物は，体外から有機物を取り入れることでエネルギーを得ている生物．

【食作用】(phagocytosis)

細胞が，細胞外の固体状の生物や物質を取り込み，分解して栄養とする作用．

【共生】(symbiosis)

別の生物種が一緒に生活している（共に生きている）現象．この場合，行動的，生理的に密接な結びつきを定常的に保っていることを意味するため，例えば同じ住み場所にいることは共生には含めない．一般的に共生は，共生者の生活上の利益・不利益の有無を基準として，相利共生，片利共生，寄生の3つに大別される．共生の語が，互いに利益を受ける相利共生の意味で用いられる場合もあるが，相利共生と（ここで述べた広義の）共生とは区別して用いるべきである．

【寄生】（parasitism）

ある生物が，別の生物に取り付いたり内部に入り込んだりして，そこから栄養を取る生活様式．

【腐生】（saprophagy）

生物の死体やその分解途上のもの，排出物などを栄養源とする生活形式．

【近縁】（close relative）

祖先をさかのぼったとき，比較的近い共通祖先でつながる関係にあること．例えばヒトでは，兄弟とは1世代前の父母でつながり，従兄弟とは2世代前の祖父母でつながる．これらは血縁ともよばれ，いずれも比較的近縁である．逆に遠縁といえば，一般に遠い親戚を指す．ただし，ここでいう近縁・遠縁は，対象とする生物群ごとに決まる相対的なものである．

【学名】（academic name）

生物の名前は，世界共通の学名により表記される．学名にはふつうラテン語が用いられ，属名のあとに種小名をつけて表される．種名を属名と種小名の組み合わせで表現する方法を**二名法**（binomial nomenclature）とよび，スウェーデンの生物学者であるカール・フォン・リンネ（図1-7）によって確立された（1735年）．二名法にしたがうと，例えば，われわれヒトの学名は *Homo sapiens*，シイタケの学名は *Lentinula edodes* となる．これらの例で示したように，学名はイタリック（斜体）で表す．1つの種に対して有効な学名は1つだけだが，実際には複数回の記載や記載後の分類の変更などにより，1つの種について複数の学名が存在する場合がある．この場合，原則的に先に発表された学名が有効（学名の先取権）となり，それ以外の学名はシノニム

（異名）とよばれる．ただし，複数の学名のどれを有効とみなすかについては，研究者により見解が異なる場合もある．なお日本語の生物名は標準和名とよばれ，カタカナで表記する．

図 1-7　リンネ．「分類学の父」とよばれる．

【分類階級】

リンネ式の分類体系では，下位から上位に向かって，種・属・科・目・綱・門・界と段階的に分類される．生物の分類の基本となるのは「種（しゅ）（species）」である．共通の特徴をもつ種が属にまとめられ，属が科にまとめられるといったように，共通性に従って順に上位の階級にまとめられていく．中間的な階層として，例えば，門の下に亜門，綱の下に亜綱，目の下に亜目，科の下に亜科を置く場合がある．さらに，亜科と属のあいだに，連（動物では族）を置いて，さらに細分化することもある（5-1 節を参照）．これらの分類階級の順位付けは主観的であり，例えば，ある分類群が綱であったり科であったりするのは，他の関連する分類群との相対的な関係にのみ依存する．ある分類群における綱が，他の分類群の綱と，例えば遺伝的な距離や進化時間からみて同等とは限らない．属より上位の分類名については，国際的なルールにより規則的な接尾辞が付けられる．菌類では下記の通りとなる．

門　-mycota
亜門　-mycotina
綱　-mycetes
亜綱　-mycetidae
目　-ales
亜目　-ineae
科　-aceae
亜科　-oideae

【単系統群】（monophyly）
同じ祖先生物に由来する生物群．

【多系統群】（polyphyly）
構成種が異なる祖先生物に由来する生物群．

【姉妹群】（sister group）
系統樹において，あるクレードにもっとも近縁なクレードを姉妹群とよぶ．系統樹については，11-2節で詳しく説明する．クレード（clade）は，共通の先祖から派生したすべての子孫により構成される集団をいう．

BOX1-2　菌類の推定種数はどのように計算されているのか

菌類150万種という推定値（1-3節を参照）は，菌類と植物という2つの分類群のあいだの，種数の比率に基づいて計算された．この推定方法は，種数比率アプローチとよばれる．

この150万種という数字は，はじめイギリスのホークスワースにより1991年に提案された（Hawksworth 1991）．イギリスでは，植物と菌類のインベントリー（目録作り）がほぼ完了しており，維管束植物と菌類の種数の比は 1 : 6 である．地球上における維管束植物の種数（25 万種）に，この種数の比を外挿することで，25 万× 6 = 150 万種という値が得られた．

その 10 年後，2001 年に発表されたホークスワースの論文（Hawksworth 2001）では，この推定値も含めて，1990 年以降に発表された 15 の推定値（50 万〜990 万種）について再検討が行われた．この 15 の推定値は，いずれも種数比率アプローチにより計算されたものだが，1991 年に提案された 150 万種という推定値が依然，有効であろうと結論づけている．

ただしこの論文のなかでホークスワースは，この種数比率アプローチの問題点と限界についても議論している．加えて，菌類の種が極めて豊富であることが予想されるにもかかわらず，まだ探索がほとんど行われていない住み場所，例えば熱帯や海洋などのいわゆる「菌類多様性のホットスポット」で，今後さらなるインベントリー作りが必要であると指摘している．

2007 年に発表された別の研究では，種数比率アプローチにより，「菌類種数の下限値」が求められた．この研究では，インベントリー作りと地理的分布に関して研究が進んでいる，大型菌類，地衣類，土壌菌類，水生菌類などを対象とした．各菌類群の専門家が，熱帯と温帯の違いといった地理的な違いも考慮しつつ，植物–菌類の種数比率を個別に求めた．それに基づいて，各菌類群の推定種数を，菌類群ごとに，できる限り「控えめに」見積った．それらの推定値を合計し，菌類は「少なくとも」地球上に 71 万種は存在するとした（Schmit and Mueller 2007）．

分子生物学的手法を用いることで，環境中から菌類を効率的に検出できるようになった（10-3 節を参照）．土壌中に含まれる菌類 DNA の多様性を解析して得られたデータと，種数比率アプローチを用いた試算では，地球上の菌類の推定種数は 510 万種になるという報告もある（O'Brien ら 2005）．

2011 年には，それまでの種数比率アプローチと異なる方法に基づいた推定値が報告された．その報告では，真核生物の種数が 870 万種で，このうち菌類が 61 万種を占めるとされた（Mora ら 2011）．推定手順の詳細は省くが，2006 年時点での生物名データベースに基づいて，分類学的な階層（属・科・目・綱・門）ごとに推定した分類群数と，各階層の順位（つまり，門を 1，綱を 2，目を 3，科を 4，属を 5，種を 6 とする）のあいだの超指数関係を，菌類や植物，動物などの生物群ごとに求め，それに基づいて地球上における各生物群の種数を推定したものである.

種数比率アプローチによる推定値が多いなか, 分類学的な階層の超指数関係に基づく方法で推定した場合も, 同じようなオーダーの推定値が得られている点は意義深い. ただしこの2011年の研究で用いられたデータベースには, 菌類は4万3,000種のデータしか含まれていない. 約10万種の菌類がすでに目録化されていることを考えると (1-3節を参照), この新たな推定法による菌類種数の推定値には, まだ洗練の余地があるものと考えられる.

BOX1-3　その名前, 本当に菌類ですか?

大学での講義や一般向けの講演会では, いつも冒頭で時間をとり,『知っている「菌類」の名前』を書いてもらっている (理解度チェッククイズ1-1を参照). これまで, のべ1,000人以上に回答してもらった. その回答結果をまとめると, 興味深い傾向が見えてくる. 例えば,

- 食材としてなじみの深いきのこの名前がよく挙がる. シイタケとマツタケは, いつも上位にくる.
- かびの名前では, コウジカビ, アオカビ, アカパンカビが多い.
- 酵母とイーストを別の菌類と思っている人が多い. イースト (yeast) は酵母の英名なので, この2つの語は同じものを指す.
- 現在では菌類に分類されていない生物の名前が, 頻繁に挙がる.

このうち4つ目にある菌類と混同されやすい生物として, 細菌類, 変形菌類, 卵菌類などがある (表1-2). 特に, 大腸菌や乳酸菌といった細菌類を, 菌類と混同している人が多い. この機会に, 表1-2や他の情報源を使って, あなたが菌類だと思っている名前が, 本当に菌類の名前かどうか, 確認しておいてほしい.

実際のところ, どれくらいの人が, どの程度, 混同しているのだろうか.

私の担当する講義で集計した結果をみてみよう. 2014年度の前期のクラス

表 1-2　よく混同される「菌類」ではない生物の名前の例

細菌類（バクテリア）
- 大腸菌（O-157）
- ピロリ菌
- ボツリヌス菌
- ヒオチ菌
- ビフィズス菌
- 根粒菌
- サルモネラ菌
- クロストリジウム
- 酢酸菌
- アクネ菌
- 赤痢菌
- 溶連菌
- 肺炎双球菌
- 炭疽菌
- ブドウ球菌
- 枯草菌・納豆菌（バチルス）
- 乳酸菌（シロタ株，ラクトバチルス）

ウイルス
- インフルエンザウイルス

卵菌類 [1]
- ミズカビ

変形菌 [2]
- ホコリカビ

細胞性粘菌 [2]
- タマホコリカビ
- キイロタマホコリカビ
- ムラサキホコリカビ

植物
- コケ

1）ストラメノパイル，2）アメーボゾア．

で，回答者は 130 名にのぼった．3 分間で書いた名前は，一人当たり平均で 11 種類（「11 種」ではないことに注意）だった．もっとも少ない回答で 2 種類，もっとも多い回答で 34 種類の名前が書かれており，最頻値は 9 種類であった．学部，学年，性別による差は認められなかった．

この 130 名の半分弱（45%）にあたる 58 名が，細菌類，変形菌類，卵菌類などの菌類以外の生物の名前を，1 種類以上書いていた．例えば，ある受講生は 19 種類の名前を記入したが，そのうち 8 種類が，菌類以外の生物であった．平均すると，一人が書いた 11 種類のうち，菌類の名前は 10 種類で，残る 1 種類は菌類ではなかった．

なお，このときの 130 名分の回答をすべて合わせると，100 種類の菌類の名前が書かれていた．シイタケ（126 名，130 名の 97%）がもっとも多く，続いて，マツタケ（116 名，同 89%），エノキタケ（102 名，同 78%），シメジ（96 名，同 74%），アオカビ（96 名，同 74%）が上位であった．

余談だが，130 名のうちいずれかの 1 名のみが回答した菌類の名前は，100 種類中 56 種類あった（シングルトン，11-1 節を参照）．しかも，この 56 種類の約 4 割にあたる 23 種類は，130 名中で最多となる 34 種類の名前を回答した，ある一人の学生が書いた名前であった．この学生，筋金入りのきのこ好きに違いない.

第2章
菌類の系統と分類

本章では，菌類の生物界における位置づけとその変遷，および菌類の主要な分類群について紹介する．

2-1　生物界における菌類の位置づけ

地球上には，さまざまな生物が生活している．これら多様な生物を，種を単位として，共通性に基づいて秩序立てて類別することを**分類**（taxonomy）とよぶ（BOX1-1 を参照）．生物の形や性質はまとめて**形質**（trait）とよばれるが，なかでも分類の際の根拠となる形質のことを**分類形質**とよぶ．菌類では，生殖器官の形態を主な分類形質として種の記載が行われてきた．

複数の生物種の分類形質を比較することで，共通点や相違点が見出され，それに基づいて分類が行われる．この分類を行う上で重要なのが，**系統**（phylogeny）とよばれる考え方である．

地球上のあらゆる生物は，たった一度，地球上に誕生した生命に起源すると考えられている．**生命の単一起源説**である．生命は，40 億年ともいわれる時間のなかで，種分化と絶滅をくり返しながら命をつないできた．そして現在みられるような，植物や菌類，そしてわれわれヒトを含む動物などの多様な生物種に至ったと考えられている．

系統とは，生物がもつ進化の経路や，それにより示される生物間の類縁関係のことを指す．この生物間にみられる系統的な関係を考慮した分類は，**系統分類**とよばれる．

菌類は微小で，かつ形態が単純なため，分類形質に比較的乏しい．このため，動物や植物に比べて，系統分類の研究に遅れがみられていた．しかし，高解像度の顕微鏡や分子解析手法が菌類の研究分野にも導入されるようになり，生物界における菌類の位置づけや，菌類の系統分類についての再検討が進められてきた．

実際のところ，菌類にどの生物を含めるのか，すなわち，どの生物を菌類とみなし，菌類を生物界にどのように位置づけるのかは，時代とともに変化してきた．本節では，代表的な生物の分類体系を紹介しながら，生物界における菌類の位置づけがどのように変遷してきたのかをみていく．

1)　二界説

カール・フォン・リンネは，18世紀の中頃に活躍したスウェーデンの生物学者である（BOX1-1を参照）．リンネは，生物を動物界と植物界の2つに分類した．この**二界説**（two-Kingdom classification system）とよばれる分類体系では，動く生物が動物，動かない生物が植物となる（図2-1）．植物はさらに，花の咲く顕花植物（phanerogam）と，花の咲かない隠花植物（cryptogam）に区分された．二界説において，菌類（大型の子実体を作る一部の菌類）は，シダ

図2-1　生物二界説．植物界（a）と動物界（b）．生物二界説で，菌類は植物界に含まれる．

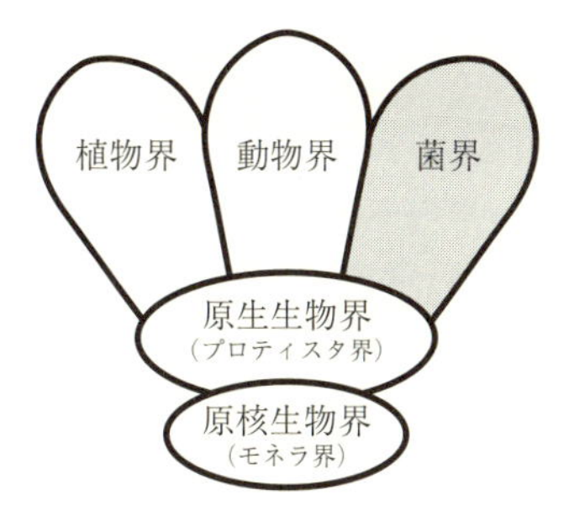

図 2-2　生物五界説.

植物やコケ植物とともに隠花植物に分類された．以来，菌類は長らく植物の一群と考えられてきた．

2)　五界説

科学の発展にともなう技術革新は，生物，特に微生物のより詳しい観察を可能とし，新たな知見が得られるに連れて，従来の動物と植物という区分では分類できないような生物が，数多く発見されるようになった．生物界における菌類の位置づけも含め，二界説の体系は変更を迫られることになる．

菌類は，1969 年にロバート・ホイタッカーが提唱した**五界説**（five-Kingdom classification system）に代表される分類体系において，**菌界**（kingdom Fungi）とよばれる独立した分類群に位置付けられた．五界説では，生物は大きく，原核生物からなるモネラ界，原生生物からなるプロティスタ界と，植物界，動物界，菌界の 5 つに区分された（図 2-2）．菌類が，植物でも動物でもない，独自の生物群であるという考え方が，この頃から受け入れられるようになった．

このホイタッカーの五界説では，菌界は大きく変形菌門と真菌門に区分された．真菌門はさらに，卵菌類とツボカビ類を含む鞭毛菌亜門，接合菌亜門，子嚢菌亜門，担子菌亜門，そして不完全菌亜門（BOX2-1 を参照）に区分された．五界説では，変形菌類と卵菌類は菌類に分類されていた．

3)　八界説

八界説（eight-Kingdom classification system）は，1987 年にキャバリエ・

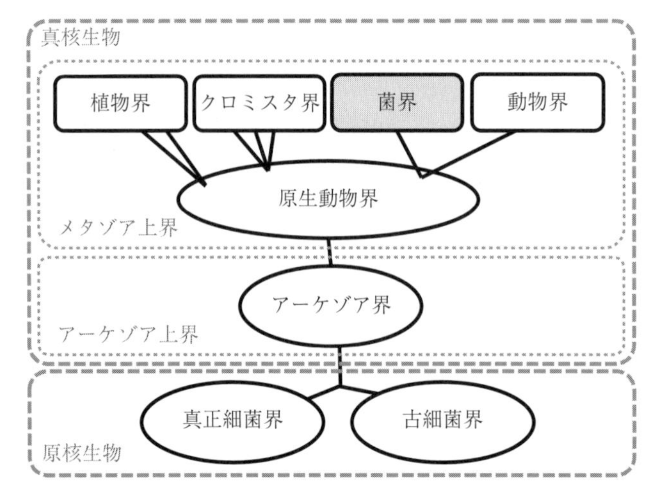

図 2-3 生物八界説.

スミスが提唱した分類体系である.八界説では,分子解析技術や電子顕微鏡の発展を背景として,分子系統や微細構造など,新たな分類形質の情報が加えられた.生物の分類について詳しい検討がなされ,新しい考え方が提示された.

八界説のなかで生物は,古細菌界,真正細菌界,アーケゾア界,原生動物界,クロミスタ界,植物界,動物界,そして菌界に分類された(図 2-3).五界説でいうところのモネラ界(原核生物界)は,古細菌界と真正細菌界の 2 群に区分され,原生生物界は,アーケゾア界,原生動物界,クロミスタ界の 3 群に区分された.

菌界はそのまま認められているが,その中身に変更が加えられている.八界説のなかで菌界は,ツボカビ門,接合菌門,子嚢菌門,担子菌門の 4 門からなるとされた.菌界から除外された変形菌類は原生動物界へ,卵菌類はクロミスタ界へ,それぞれ所属が移された.

このように菌類とよばれる生物群の輪郭は,時代により変わってきたし,これからも変わるかもしれない.菌界は後述のように,全容をいまだ明らかにしていないのである.

図 2-4 三ドメイン説.

4) 三ドメイン説

三ドメイン説（three-domain system，あるいは単に**ドメイン説**）は，1990年にカール・ウーズが提唱した生物の分類体系である（図 2-4）．生物は，細菌（バクテリア）ドメイン，古細菌（アーキア）ドメイン，真核生物（ユーカリア）ドメインの 3 つのドメインのいずれかに区分されるとする．このドメインは，生物分類のもっとも上位（界のさらに上位）の階級に位置付けられる．

ドメイン説では，この 3 ドメインのあいだの系統関係も検討された．真核生物と古細菌は，共通の祖先から分かれた**姉妹群**の関係にあるとされる．真核生物と古細菌が分岐したのは約 24 億年前，それらの共通祖先と細菌が分岐したのは，さらに遡って約 38 億年前と推定されている．

系統関係をこのように推定する根拠の 1 つが，1967 年にリン・マーギュリスが提唱した真核細胞の起源を説明する仮説，**細胞内共生説**（endosymbiosis theory）である（図 2-5）．細胞内共生説によると，真核細胞の有する細胞小器官であるミトコンドリアや葉緑体は，古細菌の細胞内部に共生した細菌であると考える．つまり菌類や，われわれ動物，植物といった真核生物は，古細菌に起源をもつ「複合生物」に由来すると考えられている．

5) オピストコンタ

真核生物ドメインにおける生物の系統関係が，詳しく検討されてきた．アドルらは 2012 年に発表した論文のなかで，菌類が，襟鞭毛虫類やヌクレアリア科アメーバなどの原生生物や動物とともに**単系統群**となることを示し，その分類群を**オピストコンタ**（opisthokont）とよんだ（図 2-6）．オピストは後方，コン

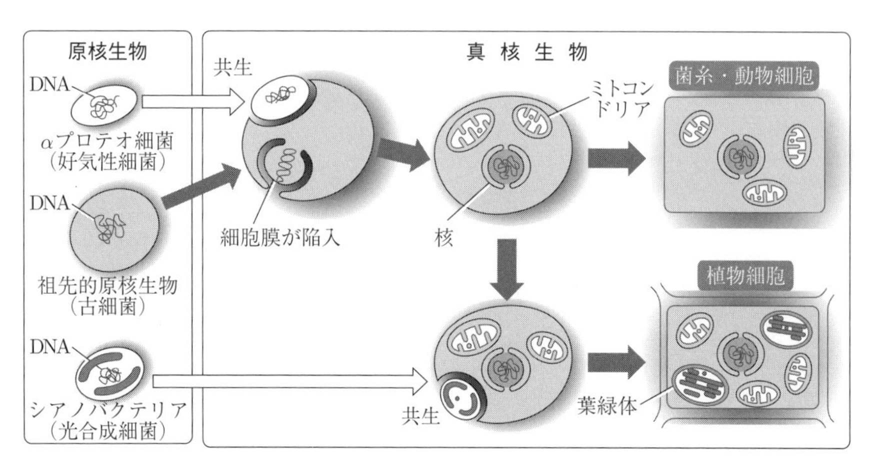

図 2-5　細胞内共生説．島田（2012）をもとに作図．

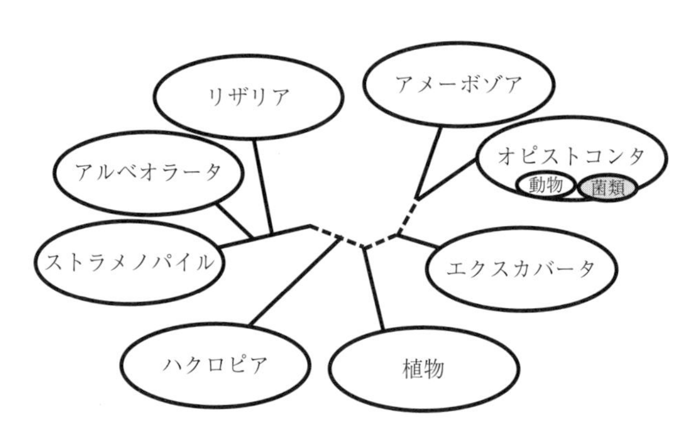

図 2-6　真核生物の系統関係．Adl *et al.*（2012）をもとに作図．

タは鞭毛を意味する．このため，オピストコンタは**後方鞭毛生物**ともよばれる．

オピストコンタは，一本の鞭毛をもち，鞭毛とは反対の方向に泳ぐ特徴でまとめられる生物群である．このことは，菌類が鞭毛をもつ祖先から進化したことを示唆する．菌類のなかで，もっとも初期に分岐したと考えられるツボカビ門やクリプト菌門では，遊走子に鞭毛がみられる．一方，担子菌門や子嚢菌門など，菌類の大部分が鞭毛を失ったと考えられている．

オピストコンタのメンバーのうち，菌類と動物のみが多細胞性である．菌類

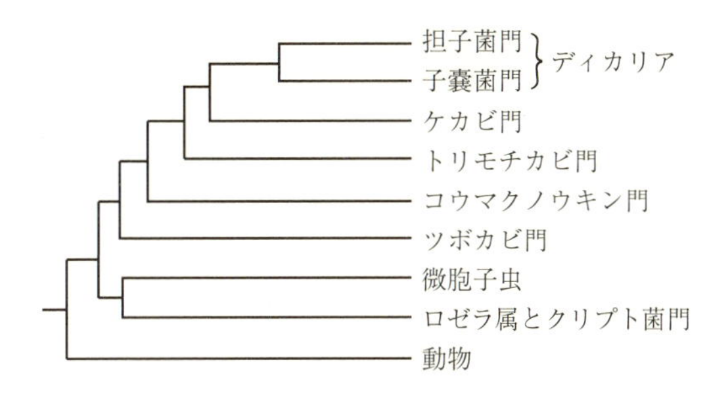

図 2-7　菌類の高次分類群とそれらの系統関係．ムアら（2016）をもとに作図，一部改変．

と動物は，水生で単細胞の祖先生物から分かれて，それぞれ独立に進化した姉妹群と考えられている．菌類が動物との共通祖先から分岐したのは 8〜9 億年前と考えられているが（ムアら 2016），約 15 億年前という推定もある．

ヌクレアリア科のアメーバ（nucleariid amoebae）はオピストコンタに属するが，最近の分子系統解析から，菌類ともっとも近縁な分類群である可能性が指摘されている．単細胞のアメーバが集まった偽変形体とよばれる構造をつくり，細菌類などを摂食して生活を営んでいる原生生物である．

微胞子虫（microsporidia）は，魚類・昆虫類などの動物の細胞内に寄生する単細胞の真核生物である．ミトコンドリアを痕跡的にしかもたず，真核生物にしてはゲノムサイズが極めて小さいなどの特徴を有する．複数のタンパク質のアミノ酸配列比較による系統解析により，菌類の姉妹群，あるいは菌類進化の初期に分岐した一群の可能性が指摘されている（図 2-7）．

2-2　菌類の高次分類群：基部にくる菌類

八界説では，菌界のなかにツボカビ門，接合菌門，子嚢菌門，担子菌門の 4 門が置かれた（2-1 節を参照）．2000 年以降，これら 4 門について，詳細な分子系統学的な再検討が進められた．また 2011 年には，菌界の新たな門としてクリプト菌門が発見，記載されている．これらの研究の成果に基づいて，菌界の高次分類群とそれらの系統関係がまとめられた（図 2-7）．

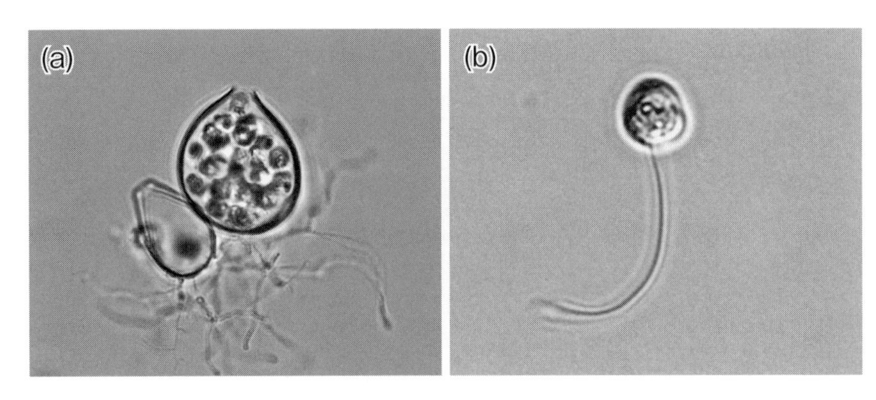

図 2-8　カエルツボカビの胞子嚢（a）と遊走子（b）．稲葉重樹氏提供．

ここからは，菌類の主要な高次分類群について，順に概説する（Stajich *et al.* 2009）．本節でまず，菌類の系統進化において初期に出現し，菌類の系統樹のなかで基部に位置するツボカビ類，クリプト菌類，接合菌類を紹介する．これらの菌類群は，しばしばまとめて「基部にくる菌類（basal fungi）」とよばれる．ただし，この「基部にくる菌類」という呼称は，単系統群を指す用語ではない．

1)　かつてのツボカビ類

八界説において「ツボカビ門」とされた生物群は，単系統群ではないことが明らかにされた．その結果，現在ではツボカビ門 Chitridiomycota，コウマクノウキン門 Blastocladiomycota，ネオカリマスチクス門 Neocallimastigomycota の3門に解体されている．これら生物の系統分類や生態については稲葉ら（2011）で詳しく紹介されているので，ここでは簡単に触れるにとどめる．

ツボカビ門の菌類は，胞子嚢のなかに，後方に鞭毛を有する遊泳細胞である**遊走子**（zoospore）を無性的に形成する．大部分が，淡水域で腐生ないし寄生生活を営んでいる．菌糸で成長する種もいるが，多くの種は基物の表面に定着し，仮根とよばれる菌糸を基物内部に侵入させて栄養を吸収する．カエルツボカビ *Batrachochytrium dendrobatidis* は，両生類に寄生するツボカビ門の1種である（図 2-8）．

コウマクノウキン門の菌類も遊走子を有し，かつてはツボカビ門に含められていた．腐生性・寄生性の種を含み，ツボカビ門の菌類よりも菌糸をよく発達させる．菌類では珍しく，生活環のなかで単相と複相の世代交代を行う．カワリミズカビ属 *Allomyces* などが知られる．

ネオカリマスチクス門の菌類も，鞭毛をもつ遊走子を有する．草食動物の反芻胃や消化管に生息する，絶対嫌気性菌類である．「ルーメン真菌」ともよばれ，胃腸管内における植物繊維の分解に関わっている．

2) クリプト菌門

世界各地の湖沼の堆積物や土壌から，菌類に由来する新規の塩基配列が環境 DNA（10-3 節を参照）として検出されていた．これらの塩基配列を分子系統学的に解析したところ，菌類進化の初期に分岐したクレードにまとまることが明らかにされた．この分類群は，クリプト菌門 Cryptomycota と名付けられた（Jones *et al.* 2011）．

クリプト菌門は，ロゼラ属 *Rozella* の菌類と同一クレードを形成する．ロゼラ属菌は遊走子を形成し，コウマクノウキンの細胞内に寄生する．クリプト菌は環境 DNA として検出されているものの，これまで分離菌株が得られていない．DNA をプローブ（目印）とした蛍光染色法による観察の結果から，クリプト菌は，鞭毛を有する大きさ 3〜5 マイクロメートル程度の遊走子として環境中に存在しているようだ．

3) かつての接合菌類

有性胞子として接合胞子を作る菌類は，従来から接合菌類としてまとめられてきた．これらの菌類は，一般に菌糸に隔壁をもたず，また無性生殖の際には胞子嚢胞子を作る（図 2-9）．八界説のなかで「接合菌門」は，接合菌綱と，節足動物の腸管内壁の寄生菌であるトリコミケス綱に大別されていた．

この「接合菌類」について，門レベルでの再編成が行われた（Spatafora *et al.* 2016）．かつての接合菌類は，ケカビ門 Mucoromycota とトリモチカビ門 Zoopagomycota に分けられた．ケカビ門にはグロムス亜門 Glomeromycotina，クサレケカビ亜門 Mortierellomycotina，ケカビ亜門 Mucoromycotina の 3 亜門が，またトリモチカビ門にはハエカビ亜門 Entomophthoromycotina，キク

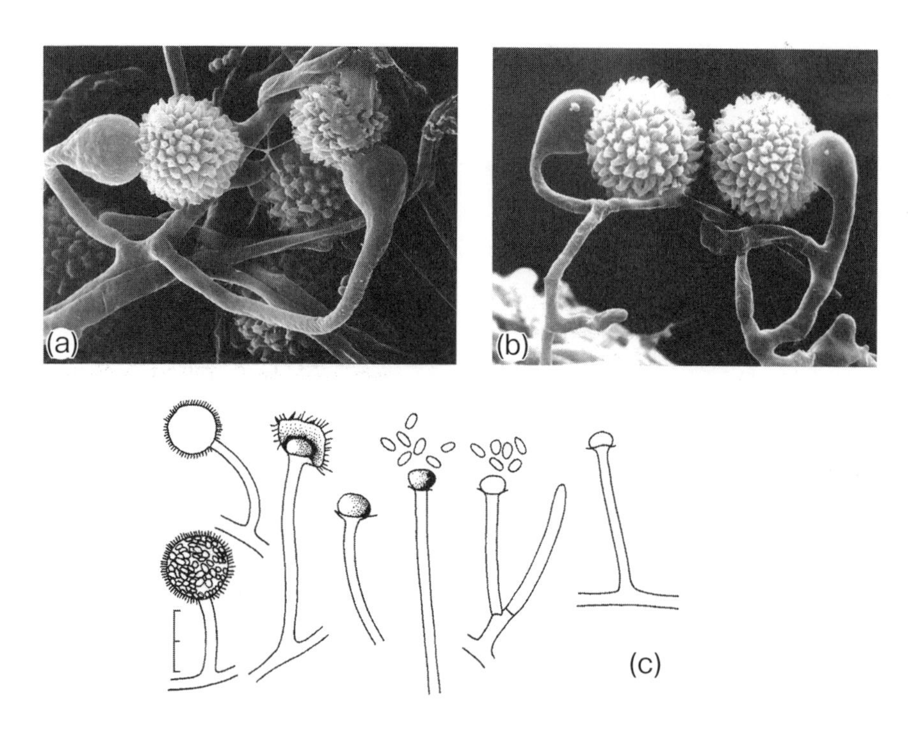

図2-9　ケカビ亜門の1種 *Zygorhynchus moelleri* の接合胞子（a,b）と胞子嚢胞子（c）．バーは1目盛りが10マイクロメートル．Domsch *et al.*（2007）より．

セラ亜門 Kickxellomycotina，トリモチカビ亜門 Zoopagomycotina の3亜門が，それぞれ含まれる．

ケカビ亜門とクサレケカビ亜門は姉妹群の関係にあり，さらにこれらがグロムス亜門と姉妹群の関係にある．これら3亜門をまとめたケカビ門は，基部にくる菌類のなかで，ディカリア（担子菌門，子嚢菌門）にもっとも近縁である．

インドネシアではテンペとよばれる伝統的な発酵食品があるが，その発酵に関わるクモノスカビ属 *Rhizopus* などがケカビ亜門に属する．ケカビ亜門とクサレケカビ亜門の菌類は多くが腐生性であり，菌糸で生活するが，ケカビ亜門のなかには酸素に乏しく二酸化炭素が多い条件下で酵母状となる種も含まれる．接合胞子の形態的な特徴はケカビ亜門内でおおむね類似する一方，胞子嚢胞子の形態と分散様式は多様である．

グロムス亜門は，アーバスキュラ菌根を形成するすべての種を含む（6-1 節を参照）．アーバスキュラ菌根は，植物と菌類の相利共生体であり，陸上植物種の 90%以上において認められる．約 4 億年前の地層から出現した初期の陸上植物の化石でも，アーバスキュラ菌根と類似の形態をもつ菌類の感染が認められている（6-2 節を参照）．ゲオシホン *Geosiphon pyriforme* は，菌糸にシアノバクテリアが細胞内共生した特殊な菌類で，「藻菌地衣」ともよばれる．ドイツの湿地でのみ発見されている珍菌で，グロムス亜門に分類されている．

トリモチカビ門の 3 亜門はいずれも単系統群を形成するが，それらの系統的な関連性はまだよくわかっていない．ハエカビ亜門の菌類は昆虫寄生菌であり，射出性の分生子を有する．トリモチカビ亜門の菌類は，線虫やアメーバや，他の菌類の寄生菌である．分節型の胞子嚢胞子を有し，吸器とよばれる特化した菌糸により基物から栄養を摂取する（7-2 節を参照）．キクセラ亜門の菌類は腐生性，ないしケカビ亜門の菌類や動物への寄生性を有し，菌糸に隔壁をもつ．なお，トリコミケス綱の菌類は，現在ではキクセラ亜門に分類されている．

2-3 菌類の高次分類群：ディカリア

ディカリア Dikarya は，分類階級では亜界にあたり，担子菌門と子嚢菌門の 2 門からなる（図 2-7）．ディカリアは，担子菌門として約 33,000 種，子嚢菌門として約 64,000 種，合わせて菌類の既知種の 98%を含む，大きな分類群である．担子菌類と子嚢菌類はいずれも酵母と菌糸の両方の形態をとるが，それぞれの門で独自の多細胞化，および組織分化が進化している．

ディカリアの名前の由来は，生活環の大部分で 2 核が菌糸内に共存する状態，すなわち二核共存体（ダイカリオン，dikaryon）となることによる（4-1 節を参照）．二核共存体となることにより，有性生殖により生じる子孫の遺伝子の組み合わせに，際立った多様性を生みだすことが可能となった（4-1 節を参照）．

担子菌類と子嚢菌類の進化については，白水・高松（2011）で詳しく解説されている．ここでは，系統と分類について要約する．

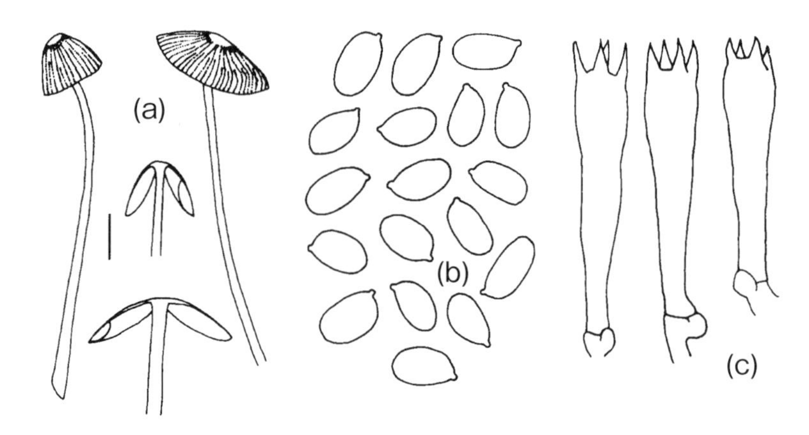

図 2-10　担子菌類の担子器果．クヌギタケ属の 1 種 *Mycena albidofusca* の担子器果（a），担子胞子（b），担子器（c）．（a）バーは 1 センチメートル．Grgurinovic（2002）より．

1)　担子菌門

担子菌門 Basidiomycota は菌類の既知種の 34%を含み，子嚢菌門に次いで種数の豊富な門である．生殖細胞である担子器（basidium，複数形 basidia）から突出した柄子（sterigma）の先に，担子胞子（basidiospore）とよばれる有性胞子を外生的に形成する（図 2-10）．酵母，菌糸，ないし二形性である．

菌糸で生育する種のなかには，多細胞化して多様な形態の担子器果（basidiocarp，子実体）を形成する種が多い（図 1-1a,b,c,d）．シイタケやマツタケなど，担子菌類の子実体は食材として身近である．自然界では，分解菌，病原菌，外生菌根菌などとしての役割を担っている．

担子菌門は，サビキン亜門 Pucciniomycotina，クロボキン亜門 Ustilaginomycotina，ハラタケ亜門 Agaricomycotina の 3 亜門に分類される．

サビキン亜門は，担子菌門において系統的にもっとも古いとされる．ほとんどの種が植物寄生菌であるが，昆虫寄生菌（例えば，セプトバシディウム属 *Septobasidium*）や他の菌類に寄生する段階をもつものもいる．興味深い例として，ミクロボトリウム属 *Microbotryum* の菌類は宿主植物の性転換に関わっており，雌の花に感染するとその花の性を雄に変化させる．

クロボキン亜門の菌類は，大部分がイネ科とスゲ科の植物に寄生する．この亜門のモデル生物種であるトウモロコシ黒穂病菌 *Ustilago maydis* は，単相のときは腐生性の酵母状で生育し，重相になると寄生性の菌糸体となる．植物の花の子房で繁殖する種では，子房が発達するまでのあいだ内生的に潜在感染する場合がある．フケの原因になるマラセチア属 *Malassezia* は，担子菌類では数少ないヒトの病原菌である．水辺に生育するイネ科植物マコモの茎に，クロボキンが感染したものはマコモダケとよばれ，食用にされる（中村 2000）．

ハラタケ亜門は多細胞の担子器果，いわゆる「きのこ」（1-1 節を参照）を形成する菌類を多く含む．担子器果の巨視的形態には驚くべき多様性が認められている．形態的には，シイタケやマツタケのようないわゆる「きのこ」型のもののみならず，サルノコシカケ型，ホウキタケ型，キクラゲ型などがある．この形態の多様性は胞子分散の様式と関連しており，例えばカップ型で雨滴により胞子を分散するものや，ボール型や棍棒型で，匂いにより動物を誘引して胞子を分散するものもある．

なお，市販されている「きのこ」図鑑で，ハラタケ類，ヒダナシタケ類，腹菌類，キクラゲ類として区分されている菌類は，いずれもハラタケ亜門に分類される．

2)　子嚢菌門

子嚢菌門 Ascomycota は菌類の既知種の 64%の種を含む，菌界最大の門である．子嚢（ascus，複数形 asci）とよばれる袋状の細胞内に，子嚢胞子（ascospore）とよばれる有性胞子を形成する（図 2-11）．

自然界における生活様式は多様で，腐生菌，地衣類・外生菌根菌などの相利共生菌，寄生菌を含む．ノーベル賞の受賞研究において研究対象となった 4 属の菌類，すなわち，アオカビ属 *Penicillium*，アカパンカビ属 *Neurospora*，サッカロマイセス属 *Saccharomyces*，シゾサッカロマイセス属 *Schizosaccharomyces* は，いずれも子嚢菌類である．

子嚢菌門は，タフリナ亜門 Taphrinomycotina，サッカロマイセス亜門 Saccharomycotina，ペチザ亜門 Pezizomycotina の 3 亜門に分類される．

タフリナ亜門は，子嚢菌門において系統的にもっとも古いとされる．天狗巣

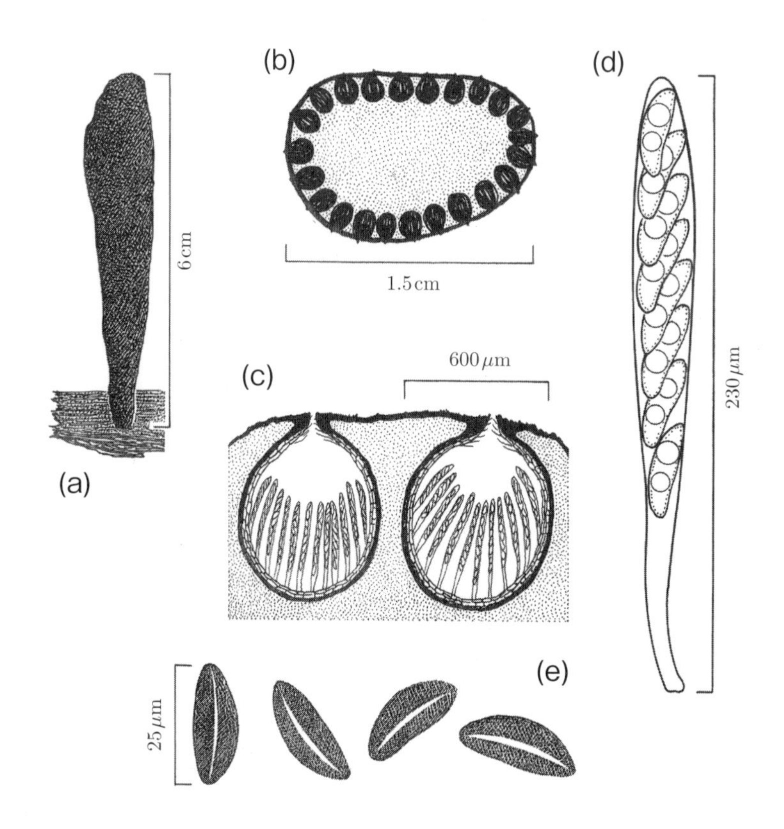

図 2-11　子嚢菌類の子嚢果．マメザヤタケ *Xylaria polymorpha* の子嚢果（a）．子実体（図 1-1e）である子嚢果を輪切りにすると，子嚢殻が表面近くに並んでいる（b）．子嚢殻（c）のなかには子嚢（d）が並んでおり，そのなかに子嚢胞子が 8 個ずつ形成される．成熟した子嚢胞子（e）には発芽溝がみられる．Hanlin（1990）より．

病や縮葉病を引き起こすタフリナ属 *Taphrina* は，二形性を示すことで知られる．シゾサッカロマイセス属は分裂酵母ともよばれ，哺乳類にカリニ肺炎を引き起こすニューモシスチス属 *Pneumocystis* とともに，酵母で生育する菌類である．

サッカロマイセス亜門の代表例は，産業的なアルコール発酵に用いられる，いわゆるパン酵母や出芽酵母として知られるサッカロマイセス・セレビジエである．この種は食品産業でもっとも重要な菌類の 1 種であると同時に，真核生物の遺伝学や分子生物学におけるモデル生物として詳しく研究されている．カンジダ症の原因菌であるカンジダ属 *Candida* 菌も，サッカロマイセス亜門に属する酵母である．

ペチザ亜門は，子嚢菌門で最大かつもっとも多様な亜門である．菌糸で生育し，肉眼で観察可能な子嚢盤（apothecium，複数形 apothecia），子嚢核（perithecium，複数形 perithecia）などとよばれる子嚢果（ascocarp）を形成する．かつて盤菌類，核菌類，小房子嚢菌類，不整子嚢菌類と分類されたが，現在はペチザ亜門にまとめられている．

さらに勉強したい人のために

- デイビッド・ムアら（2016）進化的起源（第 2 章）．現代菌類学大鑑（堀越孝雄他訳），共立出版．
- 稲葉重樹・松井宏樹・鏡味麻衣子（2011）鞭毛菌類の多様性と生態系機能（第 5 章）．微生物の生態学（大園享司・鏡味麻衣子編），共立出版．
- 国立科学博物館編（2008）菌類のふしぎ．形とはたらきの驚異の多様性．東海大学出版会．
- 中桐昭編（2013）菌類の系統・進化と分類（第 1 章）．菌類の事典（日本菌学会編），朝倉書店．
- 中村重正（2000）菌食の民俗誌—マコモと黒穂菌の利用．八坂書房．
- 日本植物分類学会国際命名規約邦訳委員会（2014）国際藻類・菌類・植物命名規約（メルボルン規約）[日本語版]．北隆館．
- 嶋田正和・数研出版編集部編著（2012）生命の起源と進化（第 5 章），生物の系統（第 6 章）．もういちど読む数研の高校生物 第 1 巻，数研出版．
- 白水貴・高松進（2011）分子系統解析と化石記録から紐解く菌類多様化のみちすじ（第 3 章）．微生物の生態学（大園享司・鏡味麻衣子編），共立出版．
- 杉山純多（2010）菌類（第 12 章）．IFO 微生物学概論（発酵研究所編），培風館．

理解度チェッククイズ

2-1　菌類は，動物，植物，細菌の3つの生物群のうち，どれに分類されるか．その理由を，生物界における菌類の位置づけの歴史的な変遷をふまえて述べよ．

2-2　菌類は，動物，植物，細菌の3つの生物群のうち，どれにもっとも近縁か．理由とともに述べよ．

BOX2-1　不完全菌類とは何か

不完全菌類（imperfect fungi）は，無性世代に基づいて記載された菌類，あるいは有性世代が知られていない菌類を指す．アナモルフ菌（anamorphic fungi）や分生子形成菌（mitosporic fungi）ともよばれる．コウジカビ属 *Aspergillus* やアオカビ属などの身近な菌類を含む約1万6,000種が，かつて不完全菌類とよばれていた．

無性世代（anamorphic stage）とは，生活史において無性生殖（asexual reproduction）を行う世代である．無性生殖を営む形態を，アナモルフ（anamorph）とよぶ．これに対して，有性世代（teleomorphic stage）は子嚢菌類や担子菌類として，有性生殖（sexual reproduction）を行う世代を指す．有性生殖を営む形態を，テレオモルフ（teleomorph）とよぶ．

かつて無性世代は不完全世代，有性世代は完全世代ともよばれた．不完全菌類という名称は，不完全世代にみられる無性生殖をもっぱら行う菌類であることに由来する．もちろん菌類には，有性生殖と無性生殖を同時に行うものが多く存在する．不完全菌類は，このうち無性生殖器官の形態的特徴に基づいて記載・命名された菌類である．有性世代が知られている種もいれば，有性世代が知られていない種も含まれる．

菌類は，有性世代（完全世代）の生殖器官の形態を主な分類形質として記載される（2-1節を参照）．このため，不完全菌類であっても有性世代が判明すれば，子嚢菌門や担子菌門の名が与えられていた．その結果，単一の生物種であるにも関わらず，世代ごとに「有性生殖器官に基づく種名」と「無性生殖器官に基づく種名」の 2 つの学名をもつ状況が生まれていた.「1 菌類種 2 学名（one fungus, two names)」である. 原則的には有性世代の種名が優先されたが, 分類学的な混乱を招く一因となっていた（図 2-12). ただし現在では, 命名規約の改定により, この混乱の解消が進められている（BOX2-2 を参照).

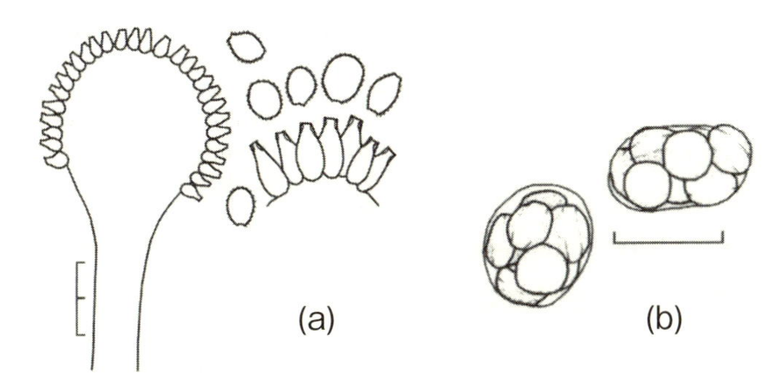

図 2-12　コウジカビ属の 1 種 *Aspergillus glaucus*（a）は不完全菌類であり, 分生子を形成するための無性生殖器官に対して与えられた種名である. 同じ種は有性生殖により子嚢と子嚢胞子を形成し, 子嚢菌類ユーロチウム・ヘルバリオラム *Eurotium herbariorum*（b）とよばれる. バーは 1 目盛りが 10 マイクロメートル. Domsch *et al.*（2007）より.

なお, 五界説では, 不完全菌門 Deuteromycota が独立した分類群として認められていた（2-1 節を参照). 不完全菌門は, 糸状不完全菌綱 Hyphomycetes と分生子果不完全菌綱 Coelomycetes に大別されていた. 現在では, これらの分類群は認められていない.

BOX2-2　菌類の命名規約に関する動向

菌類の種名は,「国際藻類・菌類・植物命名規約（International Code of Nomenclature for algae, fungi, and plants, 略称 ICN）とよばれる規約

を基準として決められる．この規約は，2011年にオーストラリアのメルボルンで開催された国際植物学会議で改正が行われたことから，「メルボルン規約」ともよばれる．改定前は，「国際植物命名規約（International Code of Botanical Nomenclature, ICBN）」とよばれていた．

メルボルン規約で取り入れられた主な改定点は，下記のとおりである．

1. 統一命名法が菌類に適用されることになった．これにより，BOX2-1で述べたが同一の種にテレオモルフとアナモルフの両方の名前が付されることがなくなり，「One fungus, one name（1菌類種1学名）」となる．命名は先取権の原則に従うので，統一命名法ではテレオモルフ，アナモルフに関係なく，先に発表された学名が有効となる．
2. 記載にラテン語が必須でなくなった．ラテン語だけでなく英語による記載文や判別分も，正式発表の要件として認められる．
3. 紙媒体を用いない電子ジャーナルでの新種の発表が有効となった．
4. 菌類の新たな分類群を正式発表する際には，学名を公共のデータベースに登録することが要件となった．

メルボルン規約は，「国際藻類・菌類・植物命名規約（メルボルン規約）[日本語版]」として邦訳が出版されている（日本植物分類学会国際命名規約邦訳委員会，2014）．

第3章 菌糸の栄養成長

既知の菌類種の約99%は，菌糸で生活を営んでいる（1-1節を参照）．菌類の生態を学ぶ上で，栄養細胞である菌糸の生活様式について押さえておく必要がある．本章では，菌糸の形態・形状をふまえて，その生活と成長の様式について理解しよう．

3-1 菌類の一生

生活環（ライフサイクル，life cycle）とは，出生から死亡に至る生物の一生を通じた，世代ごとにくり返される発達の段階の周期的な変化を指す．生活環は，体細胞や生殖細胞の形成と成長や，核相の変化を引き起こす受精や減数分裂などのイベントに注目して表現される．本節では，菌類の生活環を，身近な例であるわれわれヒトを含む動物との比較を通じて考える．

われわれヒトを含む動物の個体としての生は，精子と卵の融合，すなわち受精によって受精卵が形成された時点から始まる．受精卵は栄養を獲得しながら，分裂をくり返して細胞数を増やしていく．細胞集団はやがて，特定の機能を担う組織や器官へと分化していく．これが，**発生**（development）とよばれるプロセスである．動物個体はやがて繁殖期を迎え，配偶子である精子や卵が形成される．精子と卵が受精して受精卵が形成されることで，動物の生活環は完結する．

菌類の生活は，胞子が発芽して**発芽管**（germ tube）とよばれる菌糸が出現した時点から始まる（図3-1）．菌糸は栄養を獲得しながら，伸長と分枝，そして隔壁の形成をくり返して細胞数を増加させる．やがては**菌糸体**（mycelium,

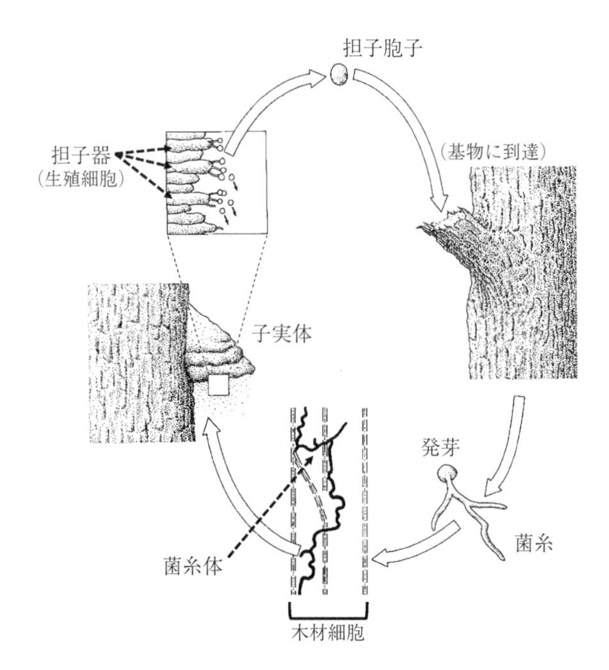

図 3-1　菌糸の一生．担子菌類のツリガネタケ属 *Fomes* の例．広瀬・大園（2011）をもとに作図．

複数形 mycelia）とよばれる，多細胞のネットワーク構造を形成する．この菌糸体こそが，菌類の生活の主体である．

菌糸体の繁殖は，動物のそれと大きく異なる．菌糸体はその成長の途上，他の菌糸体と融合して細胞核の受け渡しを行う場合がある．細胞核を受け取った菌糸体はやがて子実体を形成し，生殖細胞において胞子を形成する．それが発芽することで，菌類の生活環は完結する．菌類の繁殖については，生活環を通じた核相の変化に注目して，4-1 節で詳しく述べる．

3-2　菌糸の成長

菌糸の成長にみられる特徴を，キーワードを挙げて順に説明する．

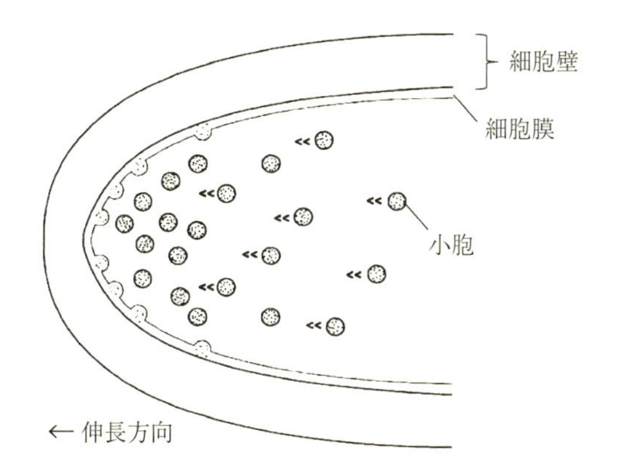

図 3-2　菌糸先端部における小胞の動き．Deacon（1997）をもとに作図．

1)　先端成長・細胞壁・隔壁

菌糸は，伸長成長する．菌糸は，その先端部が新たに合成されることで伸長していく．これを，菌糸の**先端成長**（apical growth）とよぶ．菌糸は先端成長するので，胞子などの菌糸の発生源に近いほど古く，先端に近いほど新しい．このような菌糸の先端成長は，菌糸内部での陽イオンの移動によって生じる，生理的な**極性**（polarity）によって維持されると考えられている（図 3-9）．なお，ヒトの毛も伸長成長するが，菌糸とは逆に根元ほど新しく，先端ほど古い．

菌糸の最先端部はドーム型をしており，先端成長にともなって細胞壁の表面積が増加する．細胞壁の面積の増加は，先端部へと送り込まれた細胞壁の材料物質が，細胞壁の合成を担う酵素の働きにより細胞壁へと挿入されることで進行する．これら細胞壁の材料物質と合成酵素は，脂質膜に包まれた**小胞**（vesicle）として菌糸内を移動する．小胞は先端部の細胞膜に付着して融合し，その内容物が菌糸細胞外へと分泌され，外部で拡張しつつある細胞壁に挿入される（図 3-2）．活発に伸長している菌糸の先端部では，この小胞の移動と集積が顕著に認められる．

菌糸の**細胞壁**の主成分は，**キチン**（chitin）と **β-グルカン**（β-glucan）である．キチンはムコ多糖（アミノ糖を含む多糖類）であり，N-アセチルグルコサミンとよばれる単量体が，β-1,4 型の結合で重合した化合物である．キチンは，

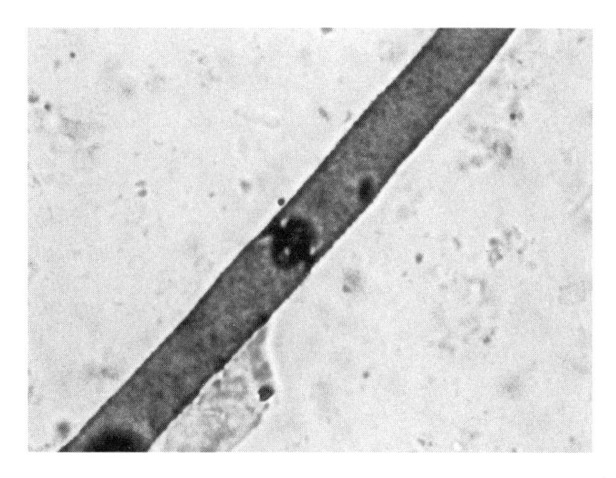

図 3-3　メラニン化した菌糸．直接法で観察した．詳しい説明は BOX10-1 を参照．

節足動物や軟体動物の外殻物質の主要な構成成分でもある．一方の β-グルカンは，グルコースが β-1,3 型の結合で重合した多糖である．

細胞壁にメラニン色素が沈着して，菌糸が暗色化する場合がある（図 3-3）．これを**メラニン化**（melanization）とよぶ．菌類の種により，また生育環境により，メラニン化の頻度は異なる．例えば，葉の表面で生育する葉面菌は，強光にさらされるため暗色菌糸を有する種が多い（4-4 節を参照）．乾燥や放射線への暴露，他の微生物からの攻撃といったストレスにさらされた場合，メラニン化した菌糸が増加する傾向が認められている．

伸長した菌糸には，やがて**隔壁**（septum，複数形 septa）が形成される場合がある．隔壁の形成により，菌糸は区画化され，細胞としての単位が明瞭になる．この区画化は，多細胞化した菌糸体に含まれる細胞数の増加を意味する．隔壁は孔を有しており，この孔を通じて細胞小器官や核を，栄養や水分と一緒に細胞区画から次の区画へと移動させることができる．

菌糸の形状には，分類群ごとに差異がみられる．「基部にくる菌類」（2-2 節を参照）の多くが，菌糸に隔壁をもたない．その一方で，担子菌類と子嚢菌類の菌糸には隔壁が認められる．なかでも担子菌類の菌糸の隔壁部には，**かすがい連結**（クランプコネクション，clamp connection）とよばれる膨らみが観察される場合がある（図 3-4）．このかすがい連結が認められる頻度は，担子菌門

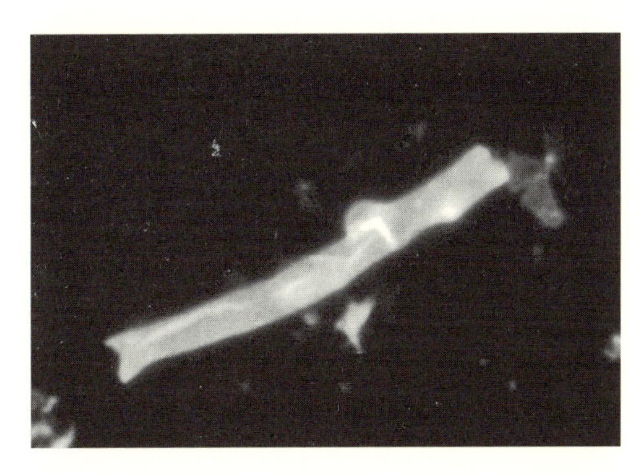

図 3-4　かすがい連結．フルオレセントブライトナーで染色し，直接観察法で観察した．詳しい説明は BOX10-1 を参照．

のなかで種ごとに大きく異なる．

2)　分枝・吻合・転流

菌糸は**分枝**（branching）する．菌糸の分枝は，先端部のやや後方から，側方に形成される．ヒトの毛にみられる「枝毛」のように，Y 字型に均等に二分岐ないし三分岐する分枝様式とは異なる．

分枝形成のプロセスを，資源が豊富な環境下で伸長する菌糸を例に考える（図 3-5）．菌糸が獲得できる栄養の量が多くなると，先端成長に必要な量を上回る小胞が形成される．この余剰の小胞は，それが生成した部位に次第に集積し，そこで細胞膜に付着して融合する．そこでは菌糸先端と同様に，小胞の内容物が細胞壁に挿入されることになる．その結果，その部位が菌糸先端の機能を担うようになり，新たな先端が形成されて分枝となる．

栄養供給以外の要因が，菌糸の分枝を引き起こす例も知られている．例えば，グロムス亜門のアーバスキュラ菌根菌が植物の根を認識する第一段階として，植物の放出するセスキテルペンとよばれる化合物が菌糸の分枝を引き起こすことが確かめられている（Akiyama *et al.* 2005）．

分枝により形成された菌糸どうしが，再び結合したり，短い菌糸の架橋により連結したりする場合がある．これを**吻合**（アナストモーシス，anastomosis）

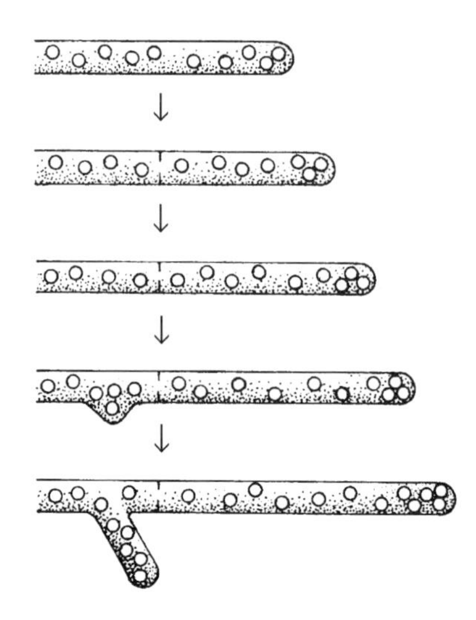

図 3-5　菌糸の分枝における小胞の役割．分枝の位置における隔壁と小胞の密度に注目せよ．広瀬・大園（2011）より．

とよぶ．吻合により先端数は減少するが，菌糸体内での新たな連絡通路（バイパス）が形成されることで，菌糸体内での栄養や水分，細胞小器官の移動をよりスムーズに行うことができる．栄養が菌糸体のなかで，吸収された部位から他の部位へと移動することを**転流**（translocation）とよぶ．

菌糸体は，菌糸の分枝と吻合をくり返すことで，環境中の資源を効率的に探索・吸収し，菌糸体内で効率的に配分することができるようになる．菌糸体の成長とは，先端数を増加させ，複雑な網状の菌糸ネットワークを構築していくプロセスといえる（図 3-6）．

3)　形状・細さ

菌糸は糸状，筒型の細胞で，細胞膜の外側は細胞壁で覆われている．一般に，菌糸の太さは 2〜10 マイクロメートル程度である（1 マイクロメートルは 1 ミリメートルの 1,000 分の 1）．菌糸の太さは，さまざまな分類群のあいだでおおむね同じ範囲にあり，菌界のなかで進化的に保存されてきた形質といえる．

菌糸が細いということは，質量や体積に対する表面積の比率，すなわち比表

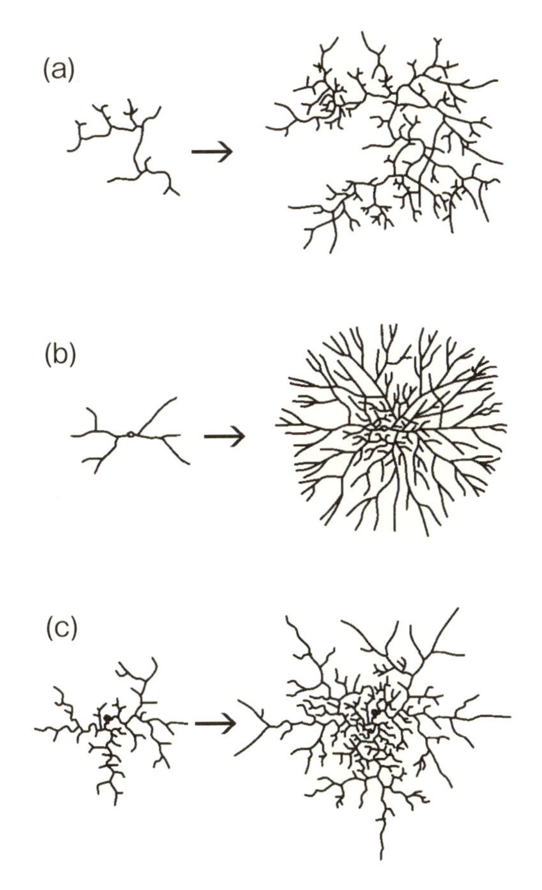

図 3-6　固体培地上における菌糸体の発達．ヤマドリタケ属 *Boletus*（a），トリコデルマ属 *Trichoderma*（b），テングタケ属 *Amanita*（c）．ムアら（2016）をもとに作図．

面積（specific surface area）が大きいことを意味する．同じ質量の金塊（菌塊ではない）でも，立方体に比べて，薄く延ばすほうが表面積は大きくなるのと同じである．これに似た身近な例が，われわれヒトの小腸である．小腸の表面には柔毛とよばれる細かい突起が，無数に存在している．多数の柔毛で表面積を増やすことで，表面が平滑な場合に比べて，より効率的に消化酵素を分泌し，かつ，水分や栄養を吸収できる．

比表面積が大きいと，菌糸の内側（細胞内部）と外側（環境）との境界面（イ

図 3-7　ナラタケの根状菌糸束．ナラタケの子実体は図 1-1a を参照．

ンターフェース）が菌糸体積に比して大きくなる．菌糸を取り巻く環境が変化すると，菌糸の内部の細胞質はその変化の影響をより大きく受けるだろう．逆に，菌糸内部で生じた変化は，菌糸を取り巻く環境により大きく反映される．

菌糸が束状になり，長距離の物質輸送や分散に特化した構造は**菌糸束**（strand）とよばれる．特に担子菌門では，**根状菌糸束**（rhizomorph）がしばしば形成される（図 3-7）．根状菌糸束では細胞の分化が認められており，直径の大きい導管細胞を，メラニン化した厚い細胞壁をもつ菌糸が取り囲む．なお，光沢のある黒色の根状菌糸束が密集して，枯れ枝からよく垂れ下がっている．その様子はしばしば，「ヤマンバノカミノケ」と表現される．

4)　長さ

菌糸体に含まれる菌糸の長さは，菌糸の成長と消失のバランスにより決定される．土壌に含まれるすべての菌糸の長さを測定すると，森林土壌１グラム（乾燥重量）あたり 1,000～15,000 メートルに達する（表 3-1）．この全菌糸長は，気候帯，森林タイプ，および土壌層の深さなどによって変動が認められている．

表 3-1 土壌に含まれる菌糸量．値は乾燥土壌 1g あたりに換算したときの長さ（m）．カッコ内は全菌糸長に対する割合（%）．Osono（2015b）と Hirose *et al.*（2017）より．測定法は BOX10-1 を参照．

気候帯	場所	年平均気温(℃)	年降水量(mm)	植生	基物 1)	全菌糸長(m/g)	メラニン化した菌糸長(m/g)	かすがい連結を有する菌糸長(m/g)
寒帯	ヌナブト（カナダ）	−19.7	64	北極オアシス	イワダレゴケ群落	4446	1859 (41)	658 (13)
					シモフリゴケ群落	1164	349 (30)	107 (5)
					ホッキョクヤナギ落葉	4068	1063 (30)	145 (2)
	リュッツホルム湾（南極）	−11.1	データなし	南極荒原	マゴケ群落	3224	643 (17)	データなし
亜高山帯	岐阜	2.0	2500	常緑針葉樹林	オオシラビソ林床（L 層）	6289	1004 (17)	929 (13)
					オオシラビソ林床（F 層）	4382	1649 (37)	559 (11)
					オオシラビソ林床（A 層）	998	255 (24)	109 (9)
冷温帯	京都	10.0	2495	落葉広葉樹林	ブナ落葉	7867	983 (12)	410 (5)
					ブナ落葉	6927	1001 (13)	データなし
					ミズキ落葉	5309	925 (16)	111 (2)
					ブナ林床（斜面下部 L 層）	8514	1603 (22)	627 (7)
					ブナ林床（斜面下部 A 層）	1139	510 (41)	0 (0)
					ブナ林床（斜面上部 L 層）	15473	2154 (14)	1761 (10)
					ブナ林床（斜面上部 F 層）	8949	3118 (34)	585 (5)
					ブナ林床（斜面上部 A 層）	3242	451 (15)	22 (1)
暖温帯	京都	15.3	1581	広葉樹二次林	ヤブツバキ落葉	7824	998 (13)	136 (2)
暖温帯	滋賀	15.1	1475	針葉樹植林地	ヒノキ林床（L 層）	12334	5800 (42)	1191 (10)
暖温帯	京都	15.4	1734	針葉樹植林地	ゴヨウマツ落葉	10385	1337 (13)	336 (3)
				混交二次林	ヒノキ落葉	12321	3622 (29)	154 (1)
				混交二次林	ヒノキ落葉	7972	1018 (13)	83 (1)
					ヒノキ林床（L 層）	12523	2943 (24)	560 (4)
					ヒノキ林床（F 層）	9549	2805 (29)	119 (1)
					ヒノキ林床（H 層）	6932	2546 (37)	167 (2)
亜熱帯	沖縄	22.0	2456	常緑広葉樹林	スダジイ落葉	6593	525 (9)	556 (8)
					スダジイ林床（L 層）	5092	630 (12)	444 (8)
					スダジイ林床（A 層）	1175	110 (10)	36 (3)
熱帯	チェンマイ（タイ）	25.0	1155	落葉季節林	テン落葉	2738	551 (19)	80 (2)

1）林床は，表層の有機物層（A_0 層）と下層の鉱質土壌（A 層）に区分される．有機物層はさらに，表層から順に L 層，F 層，H 層に区分されるが，F・H 層がほとんど発達しない林分もある．

京都北山で測定した例では，ブナの落葉1枚に含まれる菌糸の長さは，最大で約5,000メートルに達した（Osono and Takeda 2001）．菌糸が平均直径2マイクロメートルの円筒形であると仮定し，比重を過去の測定例から1立方センチメートルあたり165ミリグラム（乾重）とすると，この5,000メートルの菌糸の重量は，約2.6ミリグラムとなる．この菌糸の重量は，落葉全体の重量の1%にも満たない．しかし菌糸の表面積は314平方センチメートルとなり，落葉の表面積の約10倍にもなる．

落葉はヒトから見れば薄い紙切れのようだが，マイクロスケールの菌糸の視点でみれば，厚さ100マイクロメートル以上もある巨大な三次元的な構造物である（BOX8-1参照）．肉眼では見えないほど細い菌糸が，落葉の内部の隅々にまで入り込んでいる様子を想像してほしい．

ただし，この全菌糸長のなかで活性を有する菌糸（生菌糸）が占める割合は，通常2〜10%程度である（Osono and Takeda 2001）．残りの90%以上はゴースト菌糸（ghost hyphae）とよばれ，細胞質が消失して細胞壁のみが残存した菌糸の抜け殻である．

細くて長い糸状の管といえば，血管が身近な例である．血管は，酸素と栄養を含む血液を運ぶ通路であり，動脈，静脈，毛細血管として指先や足先など身体の末端の隅々にまで入り込んでいる．成人1人の体内にあるこれら血管の全長は，地球2周半分にも達するという．

菌糸は条件さえよければ，潜在的には無限に先端成長を続けることができる．アメリカ合衆国オレゴン州で，オニナラタケ *Armillaria ostoyae* の単一の菌糸体が約965ヘクタールの山林に広がっていることが報告された（Ferguson *et al.* 2003）．この菌糸体の推定年齢は，少なくとも1,500年に達していると推定される．現時点では，哺乳類最大の呼び声が高いシロナガスクジラを押さえて，菌類が地球最大の生物の座に君臨している．

3-3　基物と基質

菌糸は微小であるため，資源となる物質の内部に入り込んで生活を営むことができる．菌糸にとって食物であり，かつ住み場所となる物質を，**基物**（substratum,

図 3-8　基物の例．カツオ節（a）では，コウジカビがカツオの切り身を基物として利用している．ブルーチーズ（b）では，アオカビがチーズを基物として利用している．同様に，図 1-1 のナラタケとマメザヤタケは，木材を基物として利用している．図 6-3 で，菌根菌の菌糸が植物の根を基物として利用している．図 7-3b のタケハリカビは，チシオタケの子実体を基物として利用している．

複数形 substrata）とよぶ．

基物は，生きた動物体，植物体，菌糸体といった生物体である場合もあれば，動物の死骸や落葉といった死んだ生物体の場合もある．例えば，カツオ節やブルーチーズは，人間がカビ付けして利用する食品だが，菌糸の視点から見れば，菌糸がカツオの切り身やチーズを基物に利用しているのである（図 3-8）．

菌糸にとっての基物は，食物であると同時に，住み場所でもある．このため，食物として利用すればするほど，住み場所としての基物の構造は失われていく（BOX8-1 を参照）．このため，菌糸体は，栄養成長により基物内部で栄養を探索するのと並行して，別の新たな基質を探索するために繁殖成長を行う必要がある（4-4 節を参照）．

菌類は，基物からの栄養摂取に特化した，特殊な形状の菌糸を分化させる場合がある．例えば，植物の根と相利共生的な関係を結ぶグロムス亜門のアーバスキュラ菌根菌は，根の細胞内に樹枝状体とよばれる細かく分岐した菌糸を陥入させる（図 6-3）．また，生きた生物体を基物として利用する病原菌は，吸器を形成する（図 7-5）．これらの特殊な菌糸は，もともと細い菌糸をさらに細くして，基物との境界面の面積を増大させることで，基物に含まれる栄養を効率的に吸収することができる．

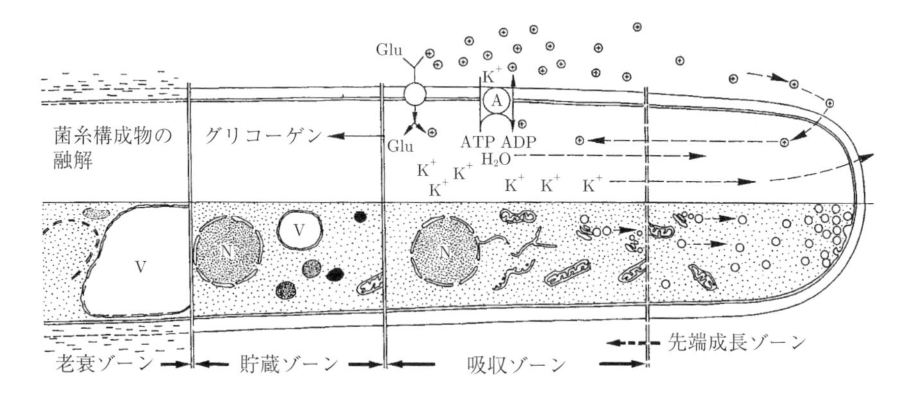

図3-9　菌糸の4つのゾーン．図の上半分は物質の動きを，下半分は細胞内の微細構造を，それぞれ示す．吸収ゾーンでは，ATPアーゼ（A）による能動輸送により，プロトン（水素イオン，⊕）が排出され，カリウムイオン（K$^+$）が吸収される（実線の矢印）．これにともなう菌糸内外における電荷の変化が，拡散による菌糸先端への物質移動（点線の矢印），菌糸の先端成長，および菌糸によるグルコース（Glu）などの栄養素吸収の原動力となる．図の下半分には，核（N），液胞（V），およびミトコンドリアや小胞などの細胞小器官が示されている．広瀬・大園（2011）をもとに作図．

基物に含まれていて，菌糸の栄養となる化合物を**基質**（substrate）とよぶ．基質の例として，炭素源となるデンプンやセルロース，窒素源としてタンパク質などが挙げられる．なお本書では基物と基質を区別して定義するが，両者を区別せず，いずれも「基質」とよぶテキストや文献も多いので注意が必要である．

3-4　菌糸による栄養の吸収と代謝

菌糸は，外部環境から栄養を吸収し，その栄養を菌糸の伸長と，代謝，および貯蔵に配分する．これらのプロセスは，菌糸を先端から順に，「先端成長ゾーン」，「吸収ゾーン」，「貯蔵ゾーン」，「老衰ゾーン」の4つのゾーンに区分して考えると，理解しやすい（図3-9）．これはあくまで，4つの働きを4つのゾーンに便宜的に区分して考えるためのモデルである．この4つのゾーンが，菌糸中の部位として明確に区分・定義されるわけではない．

(1) 先端成長ゾーン

先端成長ゾーンは菌糸の最先端部に位置し，細胞壁の面積増加により菌糸が伸長する部位である（3-2 節を参照）．加えて，先端成長ゾーンからは，さまざまな**細胞外酵素**（extracellular enzymes）が環境中に分泌される．細胞外酵素の種類や働きについては，主に分解菌を対象に詳しく調べられている（8-2 節を参照）．

先端成長ゾーンから放出された細胞外酵素は，環境中に存在する基質に作用して低分子化させる．菌糸の細胞膜を通過できる大きさの分子量まで「体外消化」された基質は，先端成長ゾーンの直後にある吸収ゾーンで，菌糸内に取り込まれる．

(2) 吸収ゾーン

吸収ゾーンでは，環境中の栄養が，細胞膜を通じて菌糸の内部へと吸収される．栄養は菌糸内において，**同化**（assimilation）と**異化**（catabolism）の両方の作用を受ける．

栄養は同化作用により，菌糸の生存に必須のさまざまな物質へと化学的に変換される．例えば，先端成長を維持するために必要な，細胞壁の素材物質や合成酵素を含む小胞が合成され，先端成長ゾーンへと送り込まれる．同時に，細胞外酵素も合成される．一部は次に述べるように，貯蔵物質へと変換される．

これらの物質代謝を担うエネルギーは，アデノシン三リン酸（ATP）により供給される．この ATP も，菌糸に吸収された栄養から合成される．菌糸に吸収された栄養は，さらに簡単な物質へと分解され（異化作用），最終的には呼吸代謝に用いられる．好気呼吸では，1 分子のブドウ糖（グルコース）が 6 分子の酸素により酸化分解されて，6 分子の二酸化炭素（CO_2）と 6 分子の水（H_2O），および 38 分子の ATP を生成する．

(3) 貯蔵ゾーン

菌糸は，栄養を貯蔵物質に変換して菌糸内に保持する．炭素は**グリコーゲン**（glycogen）や脂質として，窒素はタンパク質として，リンはポリリン酸として貯蔵される．貯蔵物質が多く含まれる部位が，貯蔵ゾーンに相当する．

(4) 老衰ゾーン

老衰ゾーンでは，古くなった菌糸の老衰が進行する．**自己融解**（autolysis）とよばれるプロセスにより，菌糸の構成成分が分解される．自己融解のための分解酵素は，菌糸自体によって合成される．分解された構成成分は転流によって先端成長ゾーンに送り込まれ，菌糸の成長に再利用される．

このように菌糸体の内部では，成長，物質代謝，貯蔵，老衰とリサイクルが同時進行で稼働することで，生命活動が支えられている．

3-5　菌糸体の生存・成長戦略

菌糸体は，菌糸が分枝と吻合をくり返すことで形成されるネットワーク構造であり，菌類の生活の基本単位となる．本章のまとめとして，変動環境下における菌糸体の適応的な成長・生存戦略について考察する．

1)　分枝にともなう先端数の増加

基質が豊富な環境下では，菌糸の分枝頻度が増加し，先端数が増加する（3-2節を参照）．先端数が増えれば，細胞外酵素の放出量がそれに比例して増える（3-3節を参照）．また，吸収ゾーンの数も増加するので，分解産物の吸収速度も増加する（3-4節を参照）．すなわち菌糸体は，分枝により形成される先端の数に比例して，栄養をより効率的に獲得できるようになる．

逆に，基質が乏しい環境下では，先端成長ゾーンには，主軸となる菌糸の伸長を維持するのに必要な小胞しか供給できないため，分枝はほとんど形成されない．不必要な食い扶持は増やさないのである．菌糸体はこのようにして，外部からの基質の供給速度に対応し，成長の単位（モジュール，BOX3-1を参照）である菌糸の先端数を調整することができる．

2)　空間的な異質性の高い資源の利用

菌糸の先端数の増加以外にも，分枝には利点がある．分枝により，主軸となる菌糸の伸長方向とは別の方向にある（かもしれない），新規の基質を探索できる．すなわち，分枝により，違う方面にある基質を同時に利用できるようになる．例えば，貧栄養な土壌中に栄養価の高い基質が散在するような，空間的な異質性（heterogeneity）の高い環境下において，分枝は有利な特性となる．

菌類は，散在する基質を動物のように移動しながら利用することはできない．しかし，菌糸体のネットワークを構築することで，異質性の高い基質に向けて同時に菌糸を伸長させることができ，資源探索を効率的に行える．

3）吻合によるバイパス形成と隔壁による区画化

菌糸は伸長にともなって，隔壁による菌糸の区画化を進めるとともに，分枝と吻合をくり返す．これにより，複雑な菌糸体のネットワークを構築していく（3-2 節を参照）．その様子は，さながら都市部における高速道路網である．

仮に，直線状に伸びる菌糸が一本しかない状況であれば，例えば，トビムシによる摂食といった不測の事態が起こると，物質を転流できなくなってしまう．しかし，分枝と吻合により菌糸体のネットワークが発達していれば，一部の菌糸が破損しても，バイパスを使って転流を維持することが可能である．

同様に，トビムシによる摂食で菌糸体の一部が損なわれたとしても，菌糸が隔壁で区画化されていれば，隣接する菌糸への影響を最小限に抑えることができる．このように考えると，菌糸体という生き方は合理的であり，効率的であり，適応的である．何億年もの長きにわたって，菌類が菌糸体とよばれる体制を維持して暮らしてきた事実にも，合点がいく．

さらに勉強したい人のために

- デイビッド・ムアら（2016）菌糸の細胞生物学と固体基質上での成長（第 4 章）．現代菌類学大鑑（堀越孝雄他訳），共立出版．
- 広瀬大・大園享司訳（2011）菌類をとりまく環境（第 2 部）．菌類の生物学，生活様式を理解する．D.H. Jennings, G. Lysek 著，京都大学学術出版会．
- 小野義隆（2014）体制，細胞，成長，生殖（第 4 章 4.1）．菌類の生物学—分類・系統・生態・環境・利用（柿嶌眞・徳増征二編），共立出版．

理解度チェッククイズ

3-1　菌糸の形状や成長にみられる特徴について述べよ．箇条書きでもよい．

3-2　菌糸体のネットワークは，栄養を獲得する上でどのような利点をもつだろうか．「効率的」の語を用いて記述せよ．箇条書きでもよい．

3-3　菌糸が栄養を獲得して成長する様式と，あなた自身（ヒト）のそれとの共通点および相違点について記述せよ．箇条書きや，対比しながら表にまとめてもよい．

BOX3-1　モジュラー生物としての菌糸体

菌糸体は，成長の単位（モジュール）である菌糸を連結することで成長していく．菌糸体は，個々の菌糸の成長や分枝のパターンを絶妙に調節することで，菌糸体を取り巻くさまざまな環境条件の時間的，あるいは空間的な変動に対応することができる．

このため，菌糸の成長のタイミングは臨機応変である．また成長したあとの菌糸体は，菌糸体ごとに異なるさまざまな数，長さの菌糸（モジュール）からなる．このため，菌糸体が最終的にどのような形態になるのかについては，予測不可能である．

この菌糸体のように，モジュールを積み上げて個体が形成される成長特性をもつ生物は，**モジュラー生物**（modular organism）とよばれる．植物や，サンゴやカイメンといった一部の動物も，モジュラー生物である（図3-10）．樹木であるアカマツやクスノキが，個体ごとに形がさまざまであるのは，そのモジュラー性による．モジュラー生物は，条件さえ許せば，潜在的には無限に成長することができる．

一方，われわれヒトをはじめとする多くの動物は，**ユニタリー生物**（unitary organism）である．ユニタリー生物では，個体の最終的な形態が確定的

図 3-10　モジュラー生物とユニタリー生物．クスノキ（a）やブナ（図 2-1a）などの植物は，菌糸と同様，モジュラー生物である．サンゴ（b）など一部の動物ではモジュラー性が認められるが，アデリーペンギン（c），ウェッデルアザラシ（図 2-1b）のように，大部分の動物はユニタリー生物である．

（determinate）である．例えば，ヒトを含む哺乳類では，足は原則的に 4 本である（このうち前肢 2 本を，ヒトでは腕と呼んでいる）．ユニタリー生物では，ヒトに当てはめれば極めて当然のことだが，たくさん食べて栄養を獲得した分だけ，足の本数が増えたり，目や口の数が増えたりすることはない．

第4章
菌類の生殖

菌類は，有性生殖あるいは無性生殖，もしくはその両方により，胞子を形成する．本章では菌糸の生殖方法と，それにともなう核の挙動，胞子の種類，および胞子の形態と分散について述べる．

4-1　菌類の有性生殖

1)　有性生殖とは何か

有性生殖（sexual reproduction）は，**配偶子**（gamete）とよばれる生殖細胞の合体により，新たな個体が生みだされる生殖法である．身近な例として，ヒトをはじめとする動物についてまず考えてみよう．

動物では，メスの卵とオスの精子が配偶子に相当する（図 4-1）．卵は栄養を蓄えて大きいが，精子は卵より小さく運動性が高い．外形や運動性が異なるため，これらの配偶子は異形配偶子とよばれる．

配偶子どうしの合体は，**接合**（conjugation）とよばれる．卵と精子が接合する場合は受精（fertilization）というが，接合と受精は同義である．

配偶子の接合により生じた細胞は，**接合子**（zygote）とよばれる．動物の場合，受精卵が接合子に相当する．動物の受精卵は，卵と精子が接合し細胞質融合することで生じるが，その直後に，卵と精子のそれぞれに由来する核も受精卵のなかで融合する．

受精卵は，分裂をくり返して一連の発生のプロセスを経るが，そのなかで**減数分裂**（meiosis）により配偶子を形成する．減数分裂は連続した2回の細胞分

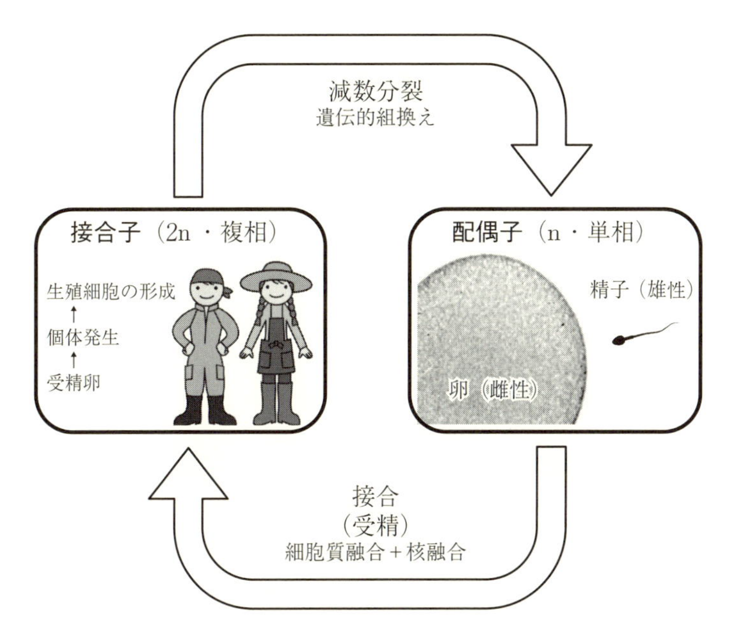

図 4-1 動物の生活環と核相．n は 1 組のゲノムを指す．

裂からなり，この過程で遺伝的組換えが起こり，また，核に含まれる 2 組の染色体の数が 1 組に半減する．

このため配偶子の核には，元の接合子の細胞核に比べて，半数の染色体しか含まれない．しかし，配偶子どうしが接合して生じる接合子では，親個体と遺伝的な組成は異なるが，親個体の細胞と同じ 2 組の染色体が再び含まれることになる．

この有性生殖の各段階で，配偶子や接合子の核に何組の染色体が含まれるのかを表すのが，**核相**（nuclear phase）である．配偶子は，1 組の染色体を含む．この状態を**単相**（haploid phase）とよび，「n」と表される．「n」は 1 組の**ゲノム**（genome），すなわち生物のもつすべての染色体，あるいはそこに含まれるすべての遺伝情報を指す．単相の細胞や生物は，一倍体あるいは半数体（haploid）とよばれる．

一方，接合子の核には 2 組の染色体（ゲノム）が含まれる．この状態を**複相**（diploid phase）とよび，「2n」と表される．複相の細胞や生物は，二倍体

(diploid) とよばれる.

単相化 (2n から n) は, 減数分裂によって起こる. 逆に, 複相化 (n から 2n) は, 接合によって起こる.

減数分裂では, 一度目の分裂 (第一分裂) に際して, **交さ** (crossover) による相同染色体の乗換えが起こる. 染色体上には複数の遺伝子が存在していることから, 交さによって遺伝子の新たな組み合わせをもつ染色体が生じる. これが**遺伝的組換え** (genetic recombination) である.

減数分裂のときの遺伝的組換えにより, それぞれが新しい遺伝子の組み合わせをもつ配偶子が多数生じる. 動物では, それら配偶子どうしが接合するプロセスが, 有性生殖とよばれる. 有性生殖により, 親とは異なる, さまざまな遺伝子の組み合わせをもつ子が生じる.

2)　菌類の生活環と核相

有性生殖の具体的なイメージをもったところで, 次に菌類の生活環をみていく. 材料は, ディカリアである担子菌門と子嚢菌門である. ディカリアの一般的な生活環をみると, 段階ごとに核相は変化するが, その様相は動物とは大きく異なる (図 4-2). 3-1 節で説明した菌糸の生活環に沿って, 核相の変化と核の挙動について順を追ってみる (広瀬・大園 2011).

菌類では, 減数分裂により形成されるのは, 担子胞子や子嚢胞子などの有性胞子である (4-3 節参照). これらの有性胞子が, 配偶子に相当する. 有性胞子の核相は, 単相 (n) である.

動物では, 配偶子である卵と精子が接合前に独自に成長したり, 分裂したりすることはない. しかし菌類では, 有性胞子は発芽して発芽管を伸長させ, 独立して成長することができる. このようにして形成された菌糸体の核相は, 単相のままである. 単相の菌糸は, **一次菌糸** (primary hyphae) とよばれる. 一次菌糸は, 単一のタイプの核を有するため, 一核体 (モノカリオン, monokaryon) である.

一次菌糸では, **体細胞和合性** (somatic compatibility) のある他の菌糸や胞子と接触すると, 細胞どうしが融合する. この現象は, **細胞質融合** (plasmogamy) とよばれる. 細胞質融合が可能か, つまり体細胞和合性があるかどうかを決め

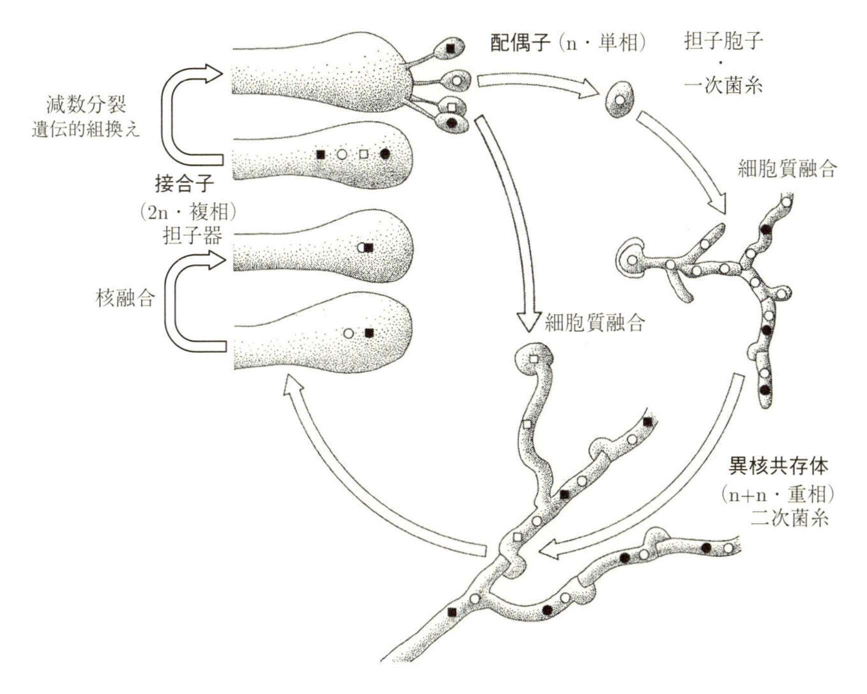

図 4-2 菌類の生活環と核相．担子菌類の一生（図 3-1）と対応した変化を示す．広瀬・大園（2011）をもとに作図．

る因子は，**交配型**（mating type）とよばれる．

交配型は，動物でいうところの「性」に相当する．ただし，菌類では配偶子に大小などの差異はない．つまり，同形配偶子である．このため，菌類の交配型は，「+/−」や「A/B」などと表記され，「オス/メス」という語は用いられない．交配型の異なる菌糸体どうしは和合性があり，交配型が同じ菌糸体どうしは不和合であるという．例えば，「+」は「−」とのみ接合できる（和合性がある）が，「+」どうし，あるいは「−」どうしは接合できない（不和合である）．

なお，菌類には，**ホモタリック**（homothallic）と**ヘテロタリック**（heterothallic）がある．ホモタリックでは，単一の菌株内で自家交配を行うことができ，植物でいう自家和合性に相当する．一方，ヘテロタリックは自家不和合性に相当し，単一の菌株内では不和合である．

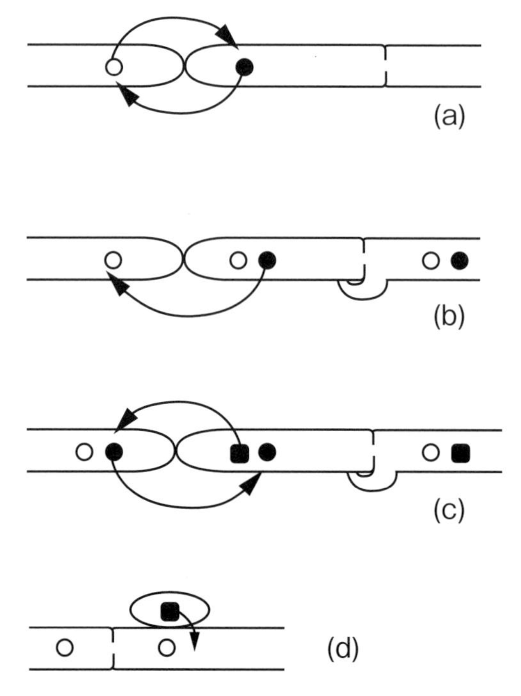

図4-3　二核化・異核共存化．一次菌糸どうしの接触（a），一次菌糸と二次菌糸の接触（b），二次菌糸どうしの接触（c），分生子（精子）もしくは有性胞子による核の運搬（d）．広瀬・大園（2011）より．

3)　異核共存体（ヘテロカリオン）

細胞質融合の後，互いの菌糸体に含まれる核は，分裂しながら他方の菌糸体へと拡散していく．ただし興味深いことに，同一の菌糸内に存在する，由来の異なる一倍体の核どうしは，すぐに融合するわけではない．由来の異なる一倍体の核が，菌糸内に共存した状態のまま存在する．

このような状態の菌糸体は，**二核共存体**（ダイカリオン，dikaryon）とよばれる．二核共存体の核相は，**重相**とよばれる．重相は，「n+n」と表される．単相の菌糸が一次菌糸とよばれるのに対し，この重相の菌糸は**二次菌糸**（secondary hyphae）とよばれる．一次菌糸が核を受け取り，二核共存体である二次菌糸になることを，**二核化**（dikaryotization）という（図4-3）．

二核化により新たに獲得された核は，菌糸体内へと拡散していく．しかしその分布が菌糸体の一部に限定されると，遺伝的に異なる核の分布が，二核共存体の菌糸体のなかでモザイク状になる（図 4-2）．菌糸体の部位ごとに，それぞれ異なるタイプの核と二核化することもある．菌糸体全体でみると，一つの菌糸体内に複数のタイプの核が共存する場合もある．

遺伝的に異なる核が共存している二核共存体は，**異核共存体**（ヘテロカリオン，heterokaryon）とよばれる．これに対して，遺伝的に単一の核が共存している二核共存体は，**同核共存体**（ホモカリオン，homokaryon）とよばれる．

一般に，菌類は生活環のほとんどの時期を，二核共存体として過ごす．動物の生活環と比較すると，二核共存体の菌糸体はまるで，有性生殖を途中の段階で休止したまま生活を続けているようにも見える．

有性生殖の残りの段階は，環境変化などが引き金となって進行する．異核共存体のなかの単相核は，担子器や子嚢とよばれる生殖細胞のなかで**核融合**（karyogamy）し，複相となる（図 4-2）．担子菌類や子嚢菌類のなかには，大型の子実体を形成して，その上に担子器や子嚢を形成するものもいる．いずれにしても，接合は，核融合した時点で完了する．

しかしこの複相核は，すぐさま減数分裂して単相に戻り，担子胞子や子嚢胞子などの有性胞子に分配される．この減数分裂により，交さによる遺伝的組換えが起こり，新たな遺伝子の組み合わせをもつ一倍体の有性胞子が生産される．

4) 異核共存体の環境適応

異核共存体に含まれる 2 つ，あるいはそれ以上の数の一倍体の核（単相核）は，必ずしも同比率，あるいは一定の比率で存在するわけではない．その比率は，菌糸を取り巻く環境条件によって変化することが知られている．個々の一倍体の核のみを含む一次菌糸よりも，二核共存体のほうが環境変化に速やかに適応できることも確かめられている．

二次菌糸に含まれる一倍体の核の比率が，環境条件により変化しうることが，シンプルな実験によって確かめられた．この実験では，タイプ A とタイプ B の 2 種類の一倍体の核を有する菌糸体が用いられた．この二核共存体を，栄養条件が少ない培地から豊富な培地まで，段階的に異なる 6 種類の栄養培地上で一

表 4-1　異核共存体の菌糸体内で単相核の存在比率は変化する（Jinks 1952）.

培地組成（%）[1]		菌糸体内における核の比率（%）[2]		それぞれの単相核のみもつ一核体の成長速度の比 [3]
最小培地	リンゴ果肉	A	B	A：B
0	100	8.55	91.45	0.47：1
20	80	7.75	92.25	0.53：1
40	60	11.11	88.89	0.54：1
60	40	12.66	87.34	0.67：1
80	20	13.51	86.49	1.00：1
100	0	51.81	48.19	1.56：1

1）最小培地（成長に必須の最低限の栄養を含む培地）に，栄養に富むリンゴ果肉を6段階の割合で混合して培地を作製し，アオカビ属の1種 *Penicillium aurantiogriseum* の異核共存体を接種して培養した.

2）培養後の菌糸体に含まれる単相核Aと単相核Bの比率を，単相核をもつ胞子の百分率により測定した．リンゴ果肉の割合が減少するにしたがい，単相核Aの割合が増加し，リンゴ果肉が含まれない培地で単相核Aがもっとも劇的に増加していた．菌糸体のなかで，核Aと核Bは異なる速度で分裂するため，存在比率に差が生じていた.

3）それぞれの単相核のみを有する一核体の成長速度をみても，リンゴ果肉の割合が減少するにしたがい，単相核Aを有する一核体ほど成長速度が高くなっていた．異核共存体に含まれる核の比率は，一核体の成長特性と関連があると推察される.

定期間培養した（表4-1）．その結果，栄養条件により，菌糸体に含まれるタイプAとタイプBの核の存在比率が変化した.

菌糸体のなかでは，一倍体の核の組成が次々と入れ替わっており，その菌糸体が置かれている環境条件によって，より適応的な核が優先的に分裂したり，あまり適応的ではない核が消滅したりする．すでに二核化した二次菌糸であっても，チャンスがあれば新たな一倍体の核が継続して菌糸体に取り込まれる.

このような一倍体の核の不均衡は，遺伝子の発現や，菌糸の成長速度にも影響を及ぼす．このため異核共存体は，同じゲノムを有する複相の二倍体と機能的に同等ではない．異核共存体のほうが，遺伝子型・表現型のより大きな可塑性を潜在的に秘めているといえる.

有性生殖による遺伝的な多様性の増大は，局所環境への適応や，適応進化のための重要な前提条件である．加えて菌類では，異核が共存する菌糸体の内部において，局所環境に適応的なゲノムの淘汰が核のレベルで生じている．このことが，環境適応の機会の増大に寄与している．

菌糸体は，異なるタイプの核を含有する菌糸の集団と捉えることができる．異核共存体という生き方は，固着性である菌糸体の遺伝的多様性を最大限に活用する方策といえる．

5)　疑似有性生殖

菌糸内で共存する一倍体の核は，通常，生殖細胞である担子器や子嚢のなかで融合し，複相核となる．ところが菌類では，これらの有性生殖細胞が形成されることなく，栄養細胞のなかで一倍体の核が融合し，続けて減数分裂することがある．通常の有性生殖と同じ現象が，栄養細胞で起こることから，このプロセスは**疑似有性生殖**（parasexuality）とよばれる．

この疑似有性生殖では，通常の有性生殖と同様に，交さによる遺伝的組換えが起こる．このため擬似有性生殖は，種内での遺伝的多様性の創出に寄与する．特に，アナモルフ菌などの有性生殖が知られていない菌類（BOX2-1 を参照）では，擬似有性生殖は集団内の遺伝的多様性を維持する上で重要なメカニズムと考えられている．

4-2　菌類の無性生殖

無性生殖（asexual reproduction）は，配偶子が関与しない生殖法である．無性生殖では，体細胞分裂により，親と同一の核をもつ無性胞子が形成される．次の節で述べるように，菌類ではさまざまな様式の無性生殖が認められている．もっぱら無性生殖を行う種も多く，それらはかつて不完全菌類としてまとめられていた（BOX2-1 を参照）．ただし，同一の菌糸体が，無性生殖と有性生殖を同時に行う場合もある．単細胞性の菌類である酵母は，出芽や分裂により無性的に増殖する（1-1 節を参照）．

4-3　胞子とは何か

菌類は，**胞子**（spore）により繁殖する．胞子は菌糸体の一部であるが，特化した構造の内部や構造上で形成される．この胞子の形成に特化した構造をなす細胞は，まとめて**生殖細胞**（germ cell, reproductive cell）とよばれる．

胞子は，それを形成した菌糸体とは独立に，離れた場所で新たな菌糸体を形成できる．すなわち，空間的な**分散**（dispersal）の役割を担う．菌糸の先端成長だけでは，長距離の移動が困難である．このため胞子による分散は，菌糸が新たな基物に到達する上で重要である．

胞子の中には，不適な環境条件下で耐久・休眠の役割を担うものがある．環境条件が好転すれば，同じ場所で菌糸成長を再開することができる．いわば胞子が，時間的な分散の役割を担うといえる．

胞子には，**単細胞**（unicellular）のものと，**多細胞**（multicellular）のものがある．また，胞子は，減数分裂により形成される**有性胞子**（sexual spore）と，体細胞分裂により形成される**無性胞子**（asexual spore）に大別される．有性胞子と無性胞子について，順に紹介していく．

1)　有性胞子

有性胞子は有性生殖により形成される胞子である．有性胞子は，減数分裂を経て形成されることから，減数胞子（meiospore）ともよばれる．減数分裂に際して，核型の異なる核のあいだで，遺伝的な組換えが起こる（4-1節を参照）．これにより，親菌糸体とは異なる新しい対立遺伝子の組み合わせ，すなわち新しい遺伝子型をもつ胞子が形成される．

どのような有性胞子を形成するかは，菌類の高次分類群を分類する基準となる．有性胞子の名称は，接合胞子，子囊胞子，担子胞子といったように，分類群ごとに異なる．

接合胞子（zygospore）は，ケカビ類が形成する有性胞子である（図2-9）．両親に由来する2本の配偶子囊（gametangium，複数形 gametangia）が融合して接合胞子囊（zygosporangium，複数形 zygosporangia）となり，そこで接合胞子が形成される．

担子胞子（basidiospore）は，担子菌類が形成する有性胞子である（図2-10）．担子胞子は，担子器とよばれる生殖細胞から突出した柄子の先に形成される．担子器は，サビキン亜門とクロボキン亜門では裸出しており，栄養菌糸上に直接形成される．一方，ハラタケ亜門では，担子器果（basidiocarp）とよばれる多細胞の構造体上に担子器が形成される（2-3 節を参照）．ハラタケ亜門にみられる担子器果（子実体）の形態は，極めて多様である．

担子器の形態は，ハラタケ亜門の主要なグループ間で大きく異なっている．シロキクラゲ綱の菌類は並列・多室の担子器を，アカキクラゲ綱の菌類は音叉型・単室の担子器を，それぞれ有する．ハラタケ綱の菌類は，多くが単室の担子器を有する（図 2-10）．キクラゲ類の担子器は，直列・多室である．

子嚢胞子（ascospore）は，子嚢菌類が形成する有性胞子である（図 2-11）．子嚢胞子は，子嚢とよばれる生殖細胞の内部に形成される．子嚢は，タフリナ亜門とサッカロマイセス亜門では裸出しており，栄養菌糸上に直接形成される．一方，ペチザ亜門では，子嚢果（ascocarp）とよばれる多細胞の構造体上に子嚢が形成される（2-3 節を参照）．ペチザ亜門にみられる子嚢果（子実体）の形態は，極めて多様である．

2)　無性胞子

無性胞子は，無性生殖（asexual reproduction）により形成される胞子である．担子菌類と子嚢菌類が形成する無性胞子は一般に，**分生子**（conidium，複数形 conidia）とよばれる．分生子は，**分生子形成細胞**（conidiogeneous cell）において形成される．分生子は体細胞分裂により形成されるため，栄養胞子（vegetative spore）ともよばれる．分生子のもつ遺伝子型は，親菌糸体と同一である．

分生子の形成様式は，栄養菌糸型（thallic）と出芽型（blastic）に大別される（図 4-4）．

栄養菌糸型では，隔壁で分断された菌糸細胞がそれぞれ胞子となる．白癬菌（いわゆる「水虫」）であるトリコフィトン属 *Trichophyton* やミクロスポリウム属 *Microsporium*，エピデルモフィトン属 *Epidermophyton* などでみられる（図 7-2）．

出芽型では，分生子形成細胞から芽が伸びるように分生子が形成される．出芽型はさらに，全出芽型（holoblastic）と内出芽型（enteroblastic）に大別される．全出芽型は，細胞壁を構成する二重の壁が，いずれも分生子の細胞壁を構成するタイプであり，シンポジオ型などに細分される．内出芽型では，分生

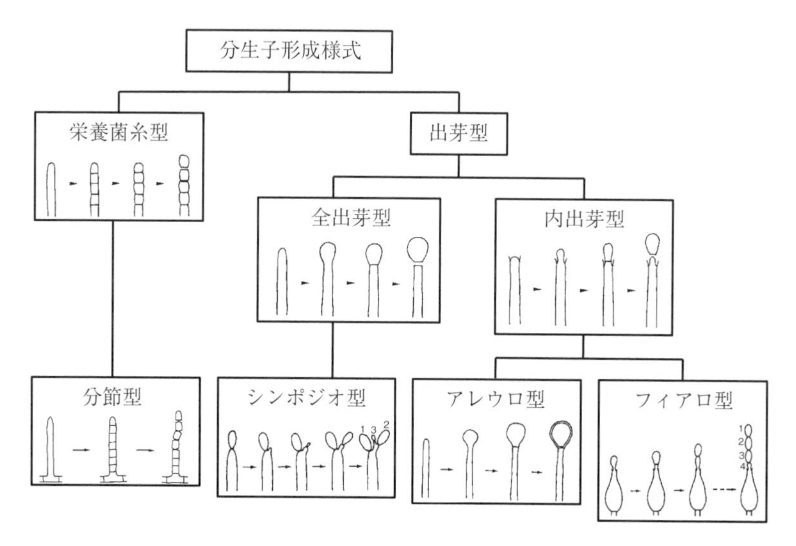

図 4-4　分生子の形成様式の代表例．Kiffer and Morelet（2000）より．

子形成細胞の細胞壁のうち，内側の壁は分生子の細胞壁となるが，外側の壁は分生子にはならず，分生子形成細胞に残存する．フィアロ型，ポロ型，アレウロ型などに細分される．

分生子以外にも，いくつかのタイプの無性胞子がみられる．二核化のための核の運搬に特化した分生子は，**精子**（sperm）とよばれる．**厚膜胞子**あるいは**厚壁胞子**（chlamydospore）は，隔壁で区切られた菌糸区画の細胞壁が肥厚して形成される．厚膜胞子は耐久性のある無性胞子である．フザリウム属 *Fusarium* では培養が古くなると，鎌型で多細胞の大型分生子上に厚膜胞子が形成される場合があることがある（図 4-5）．

遊走子は，ツボカビ門，コウマクノウキン門，ネオカリマスチクス門，クリプト菌門にみられる，鞭毛を有し運動性をもつ無性胞子である（図 2-8b）．遊走子嚢とよばれる袋状の生殖器官のなかで，細胞質が分割することによって形成される．遊走子は，遊走子嚢の開口部（逸出孔）から水中へと放出される．

胞子嚢胞子は，ケカビ類が形成する無性胞子である．胞子嚢柄とよばれる柄の頭部に，胞子嚢とよばれる袋状の生殖器官が形成される（図 2-9c）．胞子嚢胞

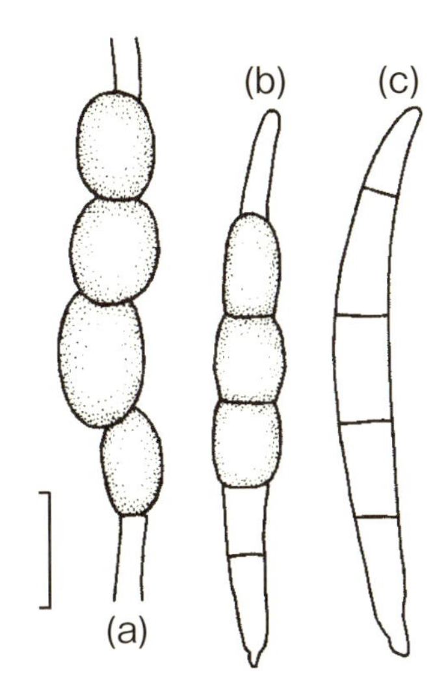

図 4-5　フザリウム属の 1 種 *Fusarium flocciferum* の厚膜胞子．菌糸に形成された厚膜胞子 (a)，大型分生子に形成された厚膜胞子（b)，大型分生子（c)．バーは 10 マイクロメートル．Domsch *et al.*（2007）より．

子も遊走子と同様に，胞子嚢のなかで細胞質が分割することにより形成される．

4-4　胞子の形態と分散

4-3 節で述べたように，有性胞子や無性胞子の多様性は，その形成様式においてまず顕著であり，重要な分類形質となっている．本節では，形態や細胞数，表面構造などの面からみた，胞子の多様性と適応的意義について紹介する．

分生子の形態には際立った多様性が認められる．例えば，水生不完全菌（aquatic hyphomycetes）として知られる菌類群では，テトラポット型や，S 字型，糸状などの形態を有する分生子が認められる（図 4-6)．いずれも，水中を浮遊して分散するのに適した形態である．海生菌には，分生子に付属糸（appendage）をもつものが含まれ，水中での分散や基物への付着に役立っている（図 4-7)．

エピコッカム属 *Epicoccum* やクラドスポリウム属 *Cladosporium* は，植物病原菌や葉面菌として知られており，暗色の分生子の表面はいぼ状，ないしとげ

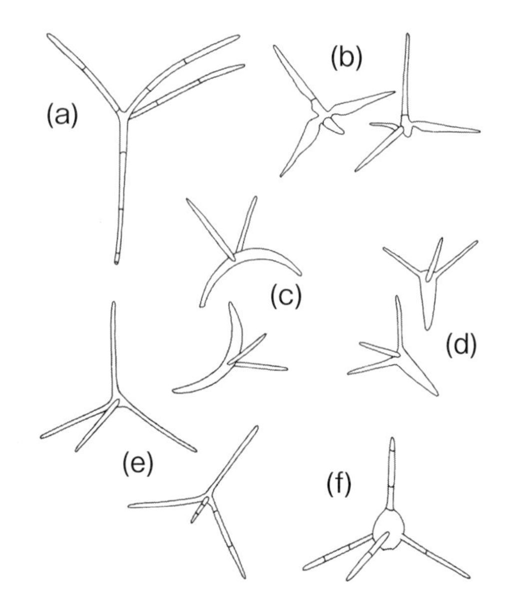

図 4-6　水生不完全菌類の「テトラポッド型」分生子．テトラケトゥム属 *Tetrachaetum*（a），トリセロフォルス属 *Triscelophorus*（b），アラトスポラ属 *Alatospora*（c），クラバトスポラ属 *Clavatospora*（d），レモニエラ属 *Lemonniera*（e），アクチノスポラ属 *Actinospora*（f）．Kendrick（2000）より．

状の構造により覆われている（図 4-8a）．これらの突起は，分生子が植物体の表面の毛（トリコーム）や，葉脈などのくぼみ，荒い表面などに付着するのに有利である．またメラニンの沈着による暗色化は，直射日光を受ける植物体の表面において，紫外線による損傷からのDNAの保護や，乾燥耐性に関わっている．

アルテルナリア属 *Alternaria* の菌類も植物病原菌や葉面菌として知られており，多細胞の分生子を形成する（図 4-8b）．ひとたび植物体の表面に付着すると，分生子は発芽して植物組織への感染を試みるが，植物体の表面は通常，撥水性のクチクラ層に覆われており，また直射日光に晒されるため，水分に乏しい．このため，伸長途中の発芽管が乾燥により死亡する可能性が高い．このとき分生子が単細胞だと，チャンスは1回しかない．しかしアルテルナリア属の分生子は多細胞なので，感染が成功するまで発芽をくり返すことができる利点がある．

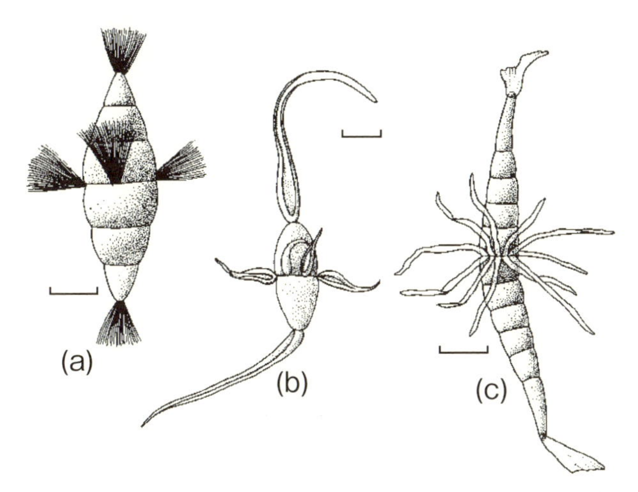

図 4-7 海生菌の分生子．ネレイオスポラ・コマータ *Nereiospora comata*（a），オコスタスポラ・アピロンギッシマ *Ocostaspora apilongissima*（b），コロロスポラ・シュードプルケラ *Corollospora pseudopulchella*（c）．バーは 10 マイクロメートル．広瀬・大園（2011）より．

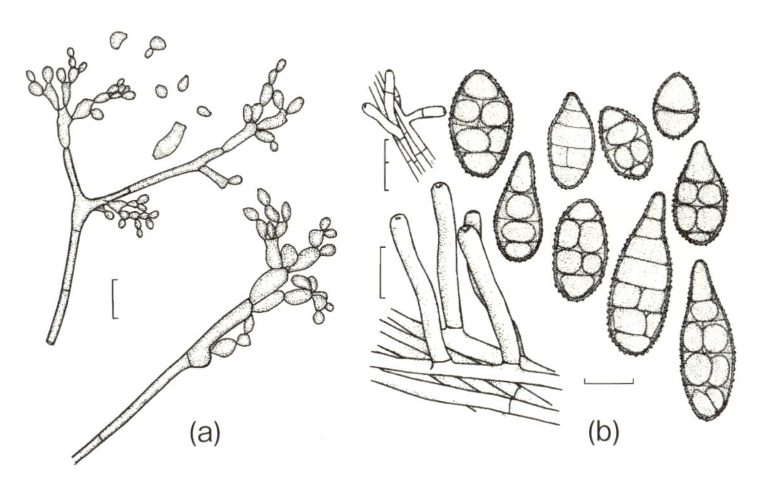

図 4-8 葉面菌の分生子と分生子形成細胞．クラドスポリウム・クラドスポリオイデス *Cladosporium cladosporioides*（a），アルテルナリア・アルテルナータ *Alternaria alternata*（b）．バーは 10 マイクロメートル．Domsch *et al.*（2007）より．

ミズタマカビ属 *Pilobolus* はケカビ亜門に属し，草食動物の糞に発生する**糞生菌**（coprophilous fungi）である．この菌類は動物の消化管から糞とともに排泄されるため，排泄後に糞に定着してくる他の菌類に先立って，糞に含まれる基質を占有できる．基物である糞から発生した胞子嚢柄は，光の方向に湾曲する性質をもつ．このため，胞子嚢ごと光の差す方向へと射出される．草影の糞塊から光の方向に射出された胞子嚢は，草の上面（陽の当たる側）に付着する可能性が高い．胞子嚢の付着した草を草食動物が食べれば，糞生菌は動物の消化管内に再び定着することができる．

 さらに勉強したい人のために

- デイビッド・ムアら（2016）単相から機能的な複相まで（第7章），有性生殖：多様性と分類学の根幹（第8章）．現代菌類学大鑑（堀越孝雄他訳），共立出版．
- 広瀬大・大園享司訳（2011）菌類をとりまく環境（第2部）．菌類の生物学，生活様式を理解する．D.H. Jennings, G. Lysek 著，京都大学学術出版会．
- 堀越孝雄・鈴木彰（1990）きのこの一生．築地書館．
- 椿啓介編著（1998）不完全菌類図説：その採集から同定まで．アイピーシー．

 理解度チェッククイズ

4-1　菌類の生活環と，あなた自身（動物）の生活環の違いを，核相の変化に注目して比較せよ．図や表を用いて説明してもよい．

4-2　異核共存体が適応的である理由を，菌糸の成長様式に言及しながら説明せよ．

4-3　胞子の役割を挙げよ．箇条書きでもよい．

BOX4-1　受講動機は何か？

菌類の講義の初回には，ガイダンスを行う．シラバスや講義スケジュールを確認した後に，簡単なアンケート用紙を配布して，「受講の動機」と「講義に期待すること」について自由に回答してもらう．

その内容を集計し，その次の講義時に紹介することで，受講生がどのような動機で，何に期待して出席しているのかを全体で共有している．

1)　受講の動機

2011～2015 年度の前期・後期それぞれについて得られた，計 10 期分の回答をまとめた（表 4-2）．その結果，「菌類・きのこ・かび・微生物が好き/興味がある」という回答が，10 期のうちの 9 期で最上位に入った．その次には，「野外観察会」が高頻度で上位になった．

このほか上位にくる回答として，「シラバス・履修情報誌・サークルの先輩・同級生などの口コミ」，「高校生物で習っていないから・よく知らないから・馴染みがないから」などがあった．特に後期には，「前期の講義が面白かったから」というリピーターも多かった．

これら以外には，「面白そう，楽しそう」という軽い感じの回答もあれば，「もやしもん（微生物をテーマにしたマンガ）で興味をもった」という回答もあった．講義の対象である菌類に対する興味・関心に加え，講義の面白さや周りの学生からの情報も，受講を決める大きなウェイトを占めている様子が伺える．

2)　講義に期待すること

2012～2015 年度の前期・後期それぞれについて得られた，計 8 期分の回答をまとめた（表 4-3）．その結果，「面白い内容・授業」，「野外観察会」，「菌類の知識」が上位になった．いずれも，上述の「受講の動機」に対する回答と同じ内容であった．

このうち「菌類の知識」では，菌類の生態，多様性，構造，分類などと，具体的な項目を挙げる学生もいて，頼もしい限りである．一方で，基礎的な内

表 4-2　菌類の講義の受講動機．10 回のアンケートのそれぞれで，上位 5 位までの回答を記した．数字は回答数に基づく順位．

	2011		2012		2013		2014		2015	
	前	後	前	後	前	後	前	後	前	後
菌類・かび・きのこ・微生物が好き・興味がある	1	1	1	2	1	1	1	1	1	1
野外観察会・フィールドワーク		5	2	1			2	2	2	2
シラバス・履修情報誌・口コミ			3		4	2	3	4		3
リピーター		2		3		3		3		4
面白そう・楽しそう・楽しみたい・気晴らし・ロマン・珍しい・カオスの匂い	2		3				4		3	
高校生物で習っていない	4	4			2		5			
もやしもん・風の谷のナウシカ					5	5			5	
知りたい・馴染みがない・よく知らないから・学ぶ機会が少なそうだから				5		4				5
基礎を幅広く・浅く・深く学びたい	3	5								
理系・生物系・農学系科目だから								5	4	
系統・進化・多様性・分類を学びたい		3								
高校で生物を選択していない					3					
自然・生態学・未知の世界・専門外を学びたい			3							
生物系に進みたい・生物の研究者になりたい				4						
醸造・発酵・酒に興味	5									
単位が欲しい・空きコマだから							5			

容，身近な内容，幅広い内容，トリビア（雑学），意外な内容といったように，抽象的な期待を書く学生も多かった．他には「スライド，写真，絵」に期待する学生も多く，さまざまな菌類・きのこを見たい，話を聞きたいという要望が見て取れる．

受講動機として「単位が欲しい」という声もある．これは至極，当然のことである．基本的にすべての学生がそう考えているはずだ．文系の学生にとっては，数式が出てこない理系科目ということで需要が高いという話も聞こえてくる．

表 4-3　菌類の講義に期待すること．8 回のアンケートのそれぞれで、上位 5 位までの回答を記した．数字は回答数に基づく順位．

	2012		2013		2014		2015	
	前	後	前	後	前	後	前	後
面白い・楽しい・興味深い・印象的な・分かりやすい内容		1	2	2	2	2	5	2
野外観察会・フィールドワーク			1	1	2	1	1	1
スライド・写真・絵	1	4	4	2		4		
菌類・かび・きのこの生態・多様性・構造・寄生・分類について知りたい		3	5	3	1		2	
幅広い内容・多くの知識	3	2				4	4	
雑談・雑学・うんちく・トリビア・小ネタ・マニアックな話し・珍しい内容			5		4			5
きのこに愛着・魅力を感じたい・興味を持ちたい							2	4
先生の研究の話・ペンギンの話		5	3					
想像を超える・意外な・世界観を変える・新発見・珍しい内容	2					3		
身近な内容・実生活や人間との関わり	5				5			
基礎的な内容	4							
食べたい								3
単位				3				

また，空きコマを埋めてみたとか，何も考えずに履修してみた，という学生もいる．そのような学生も，こちらとしては大歓迎である．むしろ，菌類そのものに誘引されなかった学生に菌類を伝えることこそ，裾野を広げるチャンスなのである．

受講生の受講の動機や講義への期待は実にさまざまであるが，菌類という対象に関する動機や期待だけでなく，講義そのものに対する動機や期待もある．また，野外で実際に菌類を観察する機会があることも，受講の動機や講義への期待として大きい．実際のところ，たった 1 回の野外観察会のほうが，数時間にわたる座学よりも菌類を知る上で効果的かもしれないと感じているところである（BOX6-2 を参照）．

第2部
生態機能編

菌類は生態系においてさまざまな機能を担い，一次生産や分解といったプロセスに直接的，間接的に関わっている．第5章から第9章では，内生菌，菌根菌，病原菌，分解菌，地衣類の5つの生態機能群を取り上げ，菌類の生態学的な特性と，共生系・生態系における機能的な働きについて紹介する．

第5章
内生菌

内生菌はエンドファイトともよばれ，植物の生きた組織の内部に病気を起こすことなく存在している菌類を指す．これまでに調べられたあらゆる陸上植物において，内生菌の共生が認められている．菌根共生（第6章）や地衣共生（第9章）に比べると，あまり注目されてこなかった共生系だが，研究の進展により，植物と菌類の極めて普遍的な共生関係の1つと考えられるようになった．

内生菌のなかには，感染した植物の成長促進やストレス耐性の付与など，植物にとってプラスの効果をもつものが知られている．本章では，植物の地上部組織に感染する内生菌を取り上げる．内生菌とはどのような菌類かについて紹介したのち，内生菌の共生機能とその進化，内生菌が生態系に及ぼす波及効果について順に見ていく．本章で出てくる生物学の基本用語は章末のBOX5-1でまとめて解説しているので，必要に応じて参照してほしい．

5-1 内生菌はどのような菌類か

1) 内生菌とは

内生菌（endophytic fungi）は**エンドファイト**（endophytes）ともよばれ，「生活史のある時期に，植物の生きた組織の内部に病気を起こすことなく，無病徴（asymptomatic）で存在する菌類」を指す．**病徴**（symptom）とは，病原菌の感染により引き起こされる，宿主の生育や発達の異常，器官の変形や萎凋，壊死などの症状を指す．

内生菌は分類学的にみるとほとんどが子嚢菌門で，一部で担子菌門が含まれる．

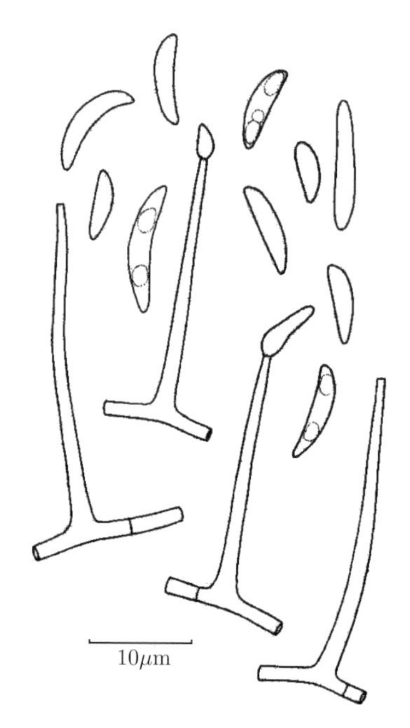

図 5-1　グラスエンドファイトであるバッカクキン科のネオティホディウム・セノフィアルム *Neotyphodium coenophialum* の分生子形成細胞と分生子．Gams（1997）より．

特に，イネ科植物（grass）を宿主とする子嚢菌門バッカクキン科 Clavicipitaceae の菌類は，**グラスエンドファイト**（grass endophytes）と総称される．グラスエンドファイトとして，Balansiae 連のネオティホディウム属 *Neotyphodium* やバランシア属 *Balansia* などが報告されている（図 5-1）．

内生菌の感染は，蘚苔類，シダ類，種子植物など，これまで調べられたあらゆる陸上植物において認められている．内生菌が感染する植物は，**宿主**（しゅくしゅ）（host）とよばれる．内生菌は病原菌とは異なり，宿主植物上で病斑や病徴を形成するわけではない．このため，宿主植物の外見から内生菌の感染の有無を識別することはできない．これが，内生菌の多様性や生態の研究に遅れがみられる要因の1つといえる．

内生菌は，植物から住み場所や光合成産物の提供を受けて生活を営んでいる．内生菌のなかには，宿主植物に対して，成長促進，植食者や病害に対する抵抗性の付与，乾燥や高温といった環境ストレスに対する耐性の付与など，プラスの効果をもつものが存在する．植物と菌類の双方がいずれも利益を得る，**相利共生**（mutualism）の一例である．

なお，本章では主に，植物の地上部（主に生きた葉）に感染する内生菌を扱う．ただし，内生菌の感染は，地上部の葉や茎だけでなく，地下部の根においても認められる．根に内生する菌類は，根内生菌（root endophytes）とよばれる（成澤 2012）．この根内生菌は，本章で扱う地上部の内生菌や，第6章で紹介する菌根菌とは別の機能群として扱われることが多い．

2)　葉圏

生葉の組織内部と表面を合わせた微生物の住み場所は，**葉圏**（phyllosphere）とよばれる．葉圏の表面積は，葉の裏表を合わせて，地球上の陸地面積の約1.3～4.0倍に達すると見積もられている（Morris and Kinkel 2002）．葉の表面，すなわち**葉面**（phylloplane）に生息する菌類は**葉面菌**（epiphytes）とよばれ，内

図5-2　マレーシア・ボルネオ島の低地熱帯林．地球上でもっとも樹種の豊かな森林の1つ．無数にある葉に生息する内生菌の「超」多様性が予測されているが，その全容はいまだ明らかになっていない．

部に生息する内生菌と区別される．ただし内生菌のなかには，生活史のある段階に葉面に生息する種もいる．

葉圏にはおびただしい数の微生物が生息していて，特に内生菌には未知種がまだまだたくさん存在すると予想されている．しかし，その多様性の全貌についてはいまだ推測の域を出ない．特に熱帯地域では，内生菌の超多様性（hyper-diversity）が予測されている（図5-2）．その全容解明は，菌類の生態学におけるフロンティアの1つとなっている（山下・大園 2011）．

5-2　内生菌の生態

1)　宿主植物の分類学的な範囲

グラスエンドファイト，すなわちバッカクキン科の内生菌は，約8,000種ともいわれるイネ科植物のうち，少なくとも80属259種で感染が報告されている．宿主として，イネ科のドクムギ属，ウシノケグサ属，コムギ属などが知られる．わが国では，身近な雑草であるカモジグサ，アオカモジグサ，スズメノカタビラなどで，グラスエンドファイトの感染が報告されている（図5-3）．これらバッカクキン科の内生菌が，イネ科以外の植物から分離された例は少ない．

生葉の内生菌に関する研究は，広範な樹木を対象に行われてきた（大園 2009）．特に，マツ科，ブナ科，ツツジ科などの樹種で詳しく調べられている．広範な分類群の樹種から分離される宿主特異性の低い内生菌として，クロサイワイタケ科 Xylariaceae や，コレトトリカム属 *Colletotrichum*，ペスタロチオプシス属 *Pestalotiopsis*，ホモプシス属 *Phomopsis*，フィロスティクタ属 *Phyllosticta* が知られる（図5-4）．一方，特定の分類群の樹木からもっぱら分離される，宿主特異性の高い内生菌も多い．マツ類の針葉の主要な内生菌であるロフォデルミウム属 *Lophodermium* が，その一例である．

2)　感染経路

グラスエンドファイトは有性生殖を消失していて子嚢が形成されないため，子嚢胞子によって他の未感染の宿主個体へと伝播することはない（5-3節を参

図 5-3　グラスエンドファイトの感染が認められるイネ科草本の 1 種，カモジグサ (a)，スズメノカタビラ (b).

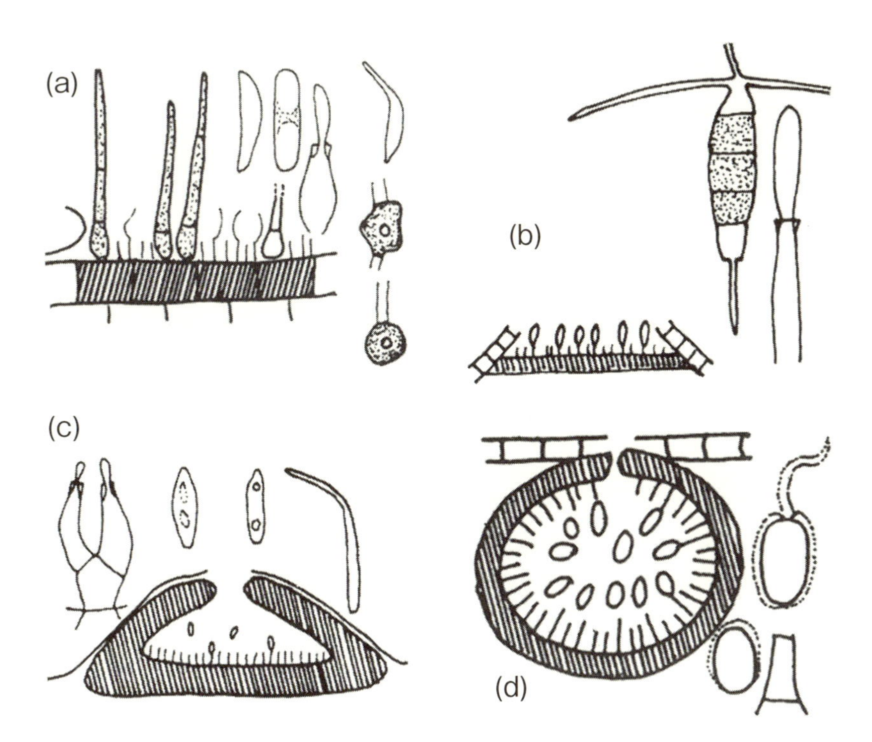

図 5-4　樹木の主な内生菌．コレトトリカム属 *Colletotrichum* (a)，ペスタロチオプシス属 *Pestalotiopsis* (b)，ホモプシス属 *Phomopsis* (c)，フィロスティクタ属 *Phyllosticta* (d)．Kiffer and Morelet (2000) より．

照）．いわば，宿主植物の体内に囚われているのである．そのため宿主植物が繁殖を開始すると，グラスエンドファイトは子房に侵入し，種子を介して次世代の宿主へと菌糸で伝播する．このように，宿主の世代をまたいで共生者が伝染する様式は，**垂直伝播**（vertical transmission）とよばれる．

樹木の生葉の内生菌では，気中胞子（air spora）による感染と，枝や冬芽からの感染が知られている．例えば，東北地方のブナ林では，ディスキュラ属の一種 *Discula* sp. がブナの葉の内生菌として優占する．この内生菌の胞子は，雪解けとともに林床の落葉から放出される．胞子は枝先の新葉に感染するが，この胞子は宿主の葉の表面を特異的に認識して付着・発芽することができる．

一方, マツ類の針葉の主要な内生菌にフィアロケファラ属の1種 *Phialocephala* sp. がある．この内生菌の出現頻度は，針葉の中で基部に近いほど，つまり枝に近い部位ほど高い．このことから，この内生菌は，菌糸により枝から葉へと順次，感染するものと推察される．

3)　時間的な分布様式

樹木では，葉の一生，つまり枝先で葉が展開してから落葉するまでのあいだに，内生菌の種組成が時間的に変化することが知られている．このような菌類の遷移（succession）は，落葉樹と常緑樹の両方で認められている．内生菌の遷移には，内生菌の種ごとの季節性の違いや，葉の形態的・生理的な性質の変化，温度や湿度といった葉の微小環境などが影響している．

京都のヤブツバキの生葉で，菌類の遷移が調べられた（Osono 2008）．ヤブツバキの葉は5月に展開し，寿命は長くて4年である．同じ枝に，展葉して1年以内の当年葉から，1年目の葉（一年葉），2年目の葉（二年葉），そして落葉前の3年目の葉（三年葉）までが見られる．そこで，春，夏，秋，冬の4回，それぞれ当年葉から三年葉までの4齢の葉を採取して内生菌を分離し，葉が生まれてから死ぬまでのあいだにみられる内生菌の変化を再現した（図5-5）．

その結果，全体で44種の内生菌が記録された．優占種のうち，コレトトリカム属の2種の出現頻度は夏に低下する季節的なパターンを示したが，葉齢は影響しなかった．逆に，ゲニキュロスポリウム属の1種の出現頻度は葉の加齢にともない変化した．

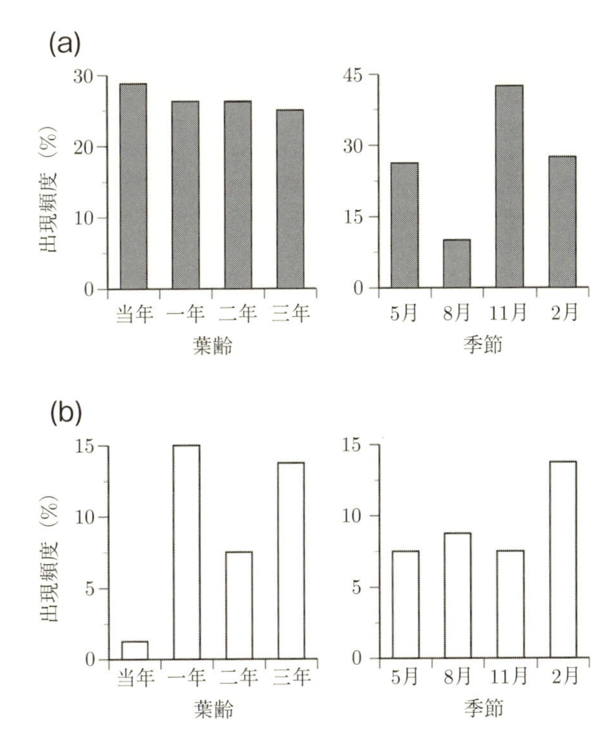

図 5-5 ヤブツバキ生葉の内生菌 2 種に及ぼす葉齢と季節の影響．値は平均値．コレトトリカム・グロエオスポリオイデス *Colletotrichum gloeosporioides*（a）の出現頻度は季節的に変化し，8 月で低い一方，11 月で高かった．ゲニキュロスポリウム属の 1 種 *Geniculosporium* sp.（b）の出現頻度は葉齢で変化し，当年葉では低かったが，それ以降の葉齢で増加した．Osono（2008）より作図．

4) 空間的な分布様式

内生菌の空間的な分布のパターンが，さまざまな空間的スケールで実証されている（大園 2009）．例えば，1 枚の生葉のなかでも，葉身の先端部と葉柄に近い基部で，あるいは葉の周縁部と中央部で，内生菌に違いがみられる場合がある．マツ類の針葉の中でも，先端部と基部で内生菌の出現頻度に差がみられるのは先に述べたとおりである．

樹木個体の中で，枝や葉の茂っている部分を**樹冠**（tree canopy）とよぶ．この樹冠の内部においても，内生菌の空間的な分布パターンが認められている．

樹高や地面からの距離，主幹からの距離，方位といった要因が，内生菌の出現頻度に影響しうる．樹冠内では，場所によって葉の性質も変化することが知られている．例えば，日当たりのよい場所の葉は陽葉とよばれ，日陰の陰葉より厚くなる．このような樹冠内における葉の性質の異質性も，内生菌の出現に影響を及ぼす場合がある．

このほか，地球規模でみると，気候帯に沿った内生菌の分布パターンが認められる（12-3節を参照）．山岳地帯では，標高に沿った内生菌の分布パターンが認められる（12-4節を参照）．これらについては，第12章で詳しく述べる．

5-3　内生菌の共生機能とその進化

1)　感染様式

グラスエンドファイトであるネオティホディウム属菌の菌糸は，植物体内で，植物細胞の内部には侵入せず，植物の細胞間隙に存在している．宿主植物の茎頂分裂組織では，細胞が活発に分裂しているが，内生菌はその細胞分裂に同調するように，菌糸を伸長させて植物体全体へと感染を広げていく．植物体全体に広がる感染様式を，**全身感染**（systemic infection）とよぶ．

樹木の生葉の内生菌が，葉組織内でどのように感染しているのかについての報告例は少ない．ダグラスモミの内生菌であるラブドクリネ・パルケリ *Rhabdocline parkeri* は，葉内で局所的に感染する．胞子で次々と当年葉に到達した内生菌は，表皮細胞の内部に感染する．葉が老衰するまでの2〜5年は，細胞内でとぐろを巻いたような状態の菌糸で休眠し続ける（Stone 1987）．葉が老衰すると，それが引き金となって菌糸成長を再開する．落葉上で子実体を形成して胞子を放出し，再び樹上の針葉に感染する．

2)　相利共生機能

グラスエンドファイトの感染により，成長の促進，植食者や病害に対する抵抗性の向上，乾燥や高温といった環境ストレスに対する耐性の向上，といった宿主植物に対する効果が報告されている．一方，樹木の内生菌では，感染が宿

図 5-6　内生菌が害虫による宿主植物（ホソムギ）の摂食に及ぼす影響．左がグラスエンドファイトの非感染株，右が感染株．柴卓也氏提供．

主に及ぼす影響はあまりよく分かっていない．ここでは，グラスエンドファイトに注目して，内生菌の相利共生機能について述べる．

ホソムギにグラスエンドファイトのネオティホディウム・ロリイ *Neotyphodium lolii* が感染すると，害虫のカメムシが摂食しなくなった（図 5-6）．また，同じ内生菌の感染した植物をエサとしてヨトウムシの幼虫を飼育すると，非感染植物を与えた場合に比べて成長が著しく抑制された（図 5-7）．グラスエンドファイトの感染した牧草を食べたヒツジやウシは中毒症状を示すことは，以前から知られていた（BOX5-2 を参照）．

グラスエンドファイトは，多様な**二次代謝産物**（secondary metabolites）を合成することが知られている．なかでも，動物に対する毒性を示す化合物として，4 種類のアルカロイドが同定されている（図 5-8）．エルゴバリンなどのエルゴアルカロイドと，ロリトレム B などのインドールジテルペノイドアルカロイドは，哺乳類を中毒させる主因となる．一方，ロリンなどのピロリチジンアルカロイドと，ペラミンなどのピロロピラジンアルカロイドは，昆虫に対する毒性がある．

これらのほかにも，グラスエンドファイトは植物ホルモンの活性をもった物質を分泌することが確かめられている．植物ホルモンは低分子のシグナル物質

図 5-7　内生菌が宿主植物を摂食した害虫（スジキリヨトウ）の成長に及ぼす影響．左が非感染株を給餌した場合，右が感染株を給餌した場合．柴卓也氏提供．

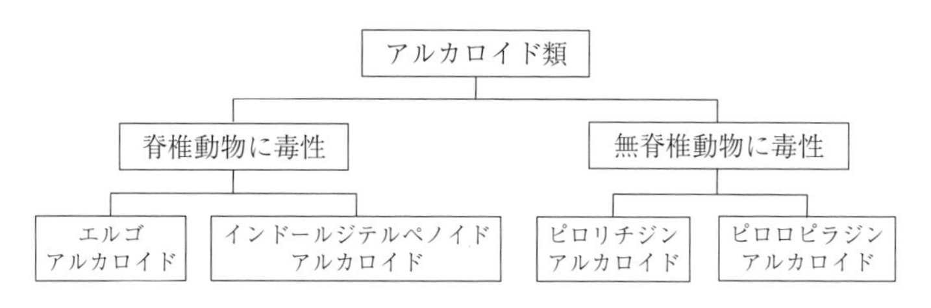

図 5-8　グラスエンドファイトの合成するアルカロイド．

であり，微量で植物の成長・分化や環境応答を制御する働きを担う．グラスエンドファイトの分泌する植物ホルモンが，宿主植物の成長促進に関わっている可能性がある．

3)　共生機能の進化

グラスエンドファイトの動物に対する毒性には，菌類の種や系統による多様性が認められる．毒性が非常に強くて相利共生機能の高い内生菌もいれば，それほど毒性が強くない内生菌もいる．これらの内生菌は，興味深いことに，がまの穂病菌とよばれるエピクロエ属 *Epichloë* の病原菌から進化したことが明ら

図 5-9 ヤマカモジグサに発生した，がまの穂病菌の子座．菅原幸哉氏提供．

かにされている（図 5-9）．がまの穂病菌は，がまの穂病（choke disease）を引き起こすが，グラスエンドファイトと同様に，病原性の強いものから，ほとんど病徴を示さないものまで，種や系統によって病原性に多様性がみられる．

がまの穂病菌は，イネ科植物の穂を不妊化させ，「がまの穂」状の**子座**（stroma, 複数形 stromata）と精子を形成する．子座は，その内部や表面に子実体を生じる菌糸の組織構造である．精子は，核の運搬に特化した無性胞子である（4-3 節を参照）．精子は，*Phorbia* 属のハエにより，他の感染植物の個体上に形成された「がまの穂」に伝播される．そこで受精し，子座上に子嚢果が形成される．この有性生殖を経て形成された子嚢胞子によって，がまの穂病菌は新たな宿主個体へと感染を拡大していく．このように，同世代の他の宿主個体へと病原菌が伝染していく様式は**水平伝播**（horizontal transmission）とよばれる．

グラスエンドファイトの祖先は，何らかの理由で有性生殖が消失し，無性生殖のみを行うようになったがまの穂病菌であると考えられている．このため 5-2

節で述べたように，子嚢胞子を形成できなくなったグラスエンドファイトは，宿主植物から抜け出ることができなくなった．無性生殖，すなわち菌糸による種子を介した次世代への感染，すなわち垂直伝播のみを行うようになった．いわば，「囚われた病原菌」といえる．

このようなグラスエンドファイトの進化には，異種間の菌糸体の交雑や体細胞融合にともなう**雑種化**（hybridization）が関与しているようだ（Clay and Schardl 2002）．雑種化すると正常な減数分裂ができなくなり，結果として有性生殖が消失する．その一方で，雑種化により複数種のゲノムを合わせもつことで強毒化し，高い共生機能を獲得したものと推察される．このようにして出現したグラスエンドファイトが，摂食圧の高い環境下や強い乾燥条件下で選択され，進化してきたと考えられている（大園 2012）．

5-4　内生菌が生態系に及ぼす波及効果

1)　植物の多様性と生産性に及ぼす影響

グラスエンドファイトの感染は，イネ科草本からなる草地群落の種数と生産性に影響を及ぼす．ネオティホディウム・セノフィアルム（図5-1）が感染したオニウシノケグサの種子と，未感染のオニウシノケグサの種子が，プレーリーの草地に設定したプロットにそれぞれ播種された．ここでは，内生菌感染の処理をE+とし，未感染の処理をE−とする（図5-10）．その後，4年間にわたって植物の種数と生物量（バイオマス）の変化が追跡調査された（Rudger and Clay 2007）．

これらのプロットには，播種したオニウシノケグサ以外の植物も定着するが，植物の種数は，E−プロットよりもE+プロットで少なくなった．E+プロットでは，オニウシノケグサがもっぱら優占し，植物の種組成の点でみると単調な草地となっていた．また，植物のバイオマスは，E−プロットよりE+プロットで大きくなった．E+プロットでは，優占種であるオニウシノケグサのバイオマスが増加した．一方のE−プロットでは，カエデやミズキなどの樹木の定着がみられ，草地から森林への植生遷移が進行しつつあった．

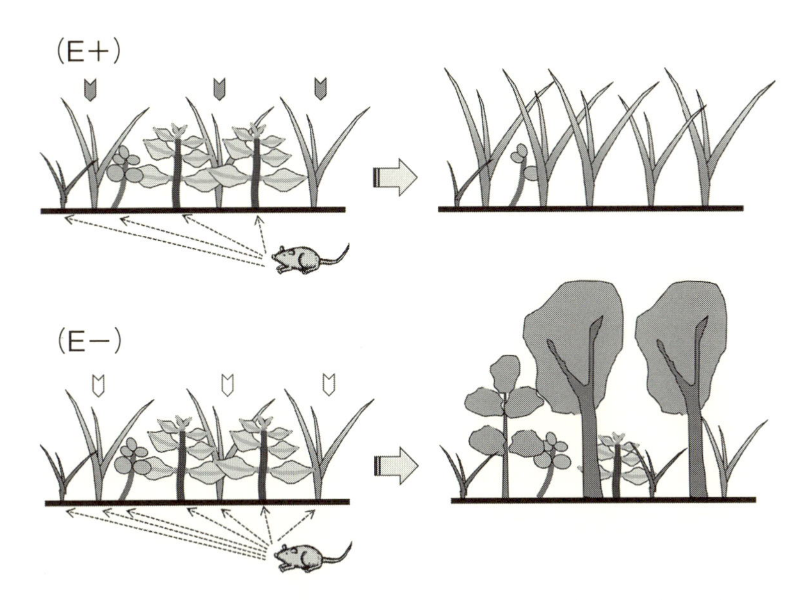

図 5-10　グラスエンドファイトの感染の有無が，プレーリー（草地）に及ぼす影響．グラスエンドファイトが感染している場合（E+），宿主であるオニウシノケグサ（黒塗りの矢型）は成長が促進されるため，他の植物種との競争において優位となる．また，アルカロイドの生産によりハタネズミはオニウシノケグサの摂食を忌避し，樹木の実生を含む他の植物種を摂食する（点線の矢印）．これらにより，オニウシノケグサは草原で優占し，生産性は高くなるが，植物の多様性は低下する．一方，グラスエンドファイトが感染していない場合（E−），オニウシノケグサ（白抜きの矢型）は他の植物種との厳しい競争にさらされると同時に，他の植物種と同じようにハタネズミの摂食を受ける（点線の矢印）．このため植物の種多様性は高く維持され，かつ樹木が定着することで森林への遷移が進行する．谷口・大園（2011）より作図．

グラスエンドファイトの有無が植物群落に及ぼすこれらの影響には，2 つのメカニズムが関わっている．1 つ目は，内生菌によるオニウシノケグサの成長促進効果である．宿主の成長が促進されることで，他の植物は競争排除されていた．2 つ目は，植食性動物による摂食である．プレーリーの主要な植食者であるハタネズミは，内生菌の生産したアルカロイドを含むオニウシノケグサを忌避する．このため E+ プロットでは，オニウシノケグサ以外の植物が摂食された．一方の E− プロットでは，アルカロイドを含まないオニウシノケグサが，他の植物種とともに摂食されていた．

この実験では，内生菌の有無以外の条件は同じであったことから，内生菌の存在が生態系に及ぼす影響が実証的に示されている．無病徴で潜在するグラスエンドファイトの存在は，植物群落の種数を低下させ，生産性を促進していた．グラスエンドファイトはまた，森林への遷移を抑制し，宿主植物の優占する群落の維持に貢献していた．目の前に広がる草原の景観が，実は目には見えない菌類により支えられていたのである．

2)　土壌に及ぼす影響

内生菌は生きた植物組織に感染するが，植物の死後に遺体の分解にも関わることが確かめられている（Osono and Hirose 2009a）．森林樹木では，平均すると，生葉にみられる内生菌の約3分の2の種が，落葉からも出現する（表5-1）．落葉直後の葉には，利用しやすい水溶性の糖類が豊富に含まれている．多くの内生菌は，この糖類に依存してすみやかに菌糸成長し，胞子を形成する．これ

表5-1　落葉からも出現する内生菌の割合（Osono and Hirose 2009a）．

樹種	場所	落葉からも検出される内生菌の割合 1)	内生菌が落葉菌類群集に占める割合 2)
ナンキョクブナ	ニュージーランド	2/2（100%）	29%
テーダマツ	アメリカ合衆国	4/4（100%）	11〜15%
アメリカヤマナラシ	カナダ	1/8（13%）	92%
ユーカリ	アルゼンチン	3/6（50%）	18%
オーク	メキシコ	1/4（25%）	6〜39%
モミジバフウ	メキシコ	2/2（100%）	3〜55%
ヨーロッパモミ	スイス	3/4（75%）	17%
ツツジ	日本	4/4（100%）	63%
アセビ	日本	1/2（50%）	36%
ブナ	日本	3/5（60%）	33〜66%
ミズキ	日本	1/5（20%）	7%
ヤブツバキ	日本	2/3（67%）	21%
スダジイ	日本	1/2（50%）	8%
テン	タイ	1/2（50%）	17%

1）落葉でも検出された内生菌の種数/生葉で検出された内生菌の種数．

2）落葉での内生菌のインシデンスの合計/落葉の全菌類のインシデンスの合計 ×100．

により，糖類が枯渇する前に胞子で再び生葉に感染し，落葉からは姿を消す．

一方，落葉の構造性成分であるリグニンやセルロースを利用できる内生菌は，より長期にわたって落葉に存続し，分解に関与する．そのような内生菌として，子嚢菌門のクロサイワイタケ科やリチズマ科 Rhytismataceae が知られている．なかには落葉の白色化（漂白）を引き起こす内生菌も含まれており，特に熱帯域で頻繁にみられる．これらの菌類は，分解者として重要な役割を担う（8-3 節を参照）．

グラスエンドファイトが，枯死後のイネ科草本遺体の分解に果たす直接的な役割はまだよくわかっていない．垂直感染する菌類にとって，枯死後の植物遺体は利用価値のない資源かもしれない．ただし，グラスエンドファイトの感染によりアルカロイドが集積した植物遺体は，未感染だった植物遺体に比べて分解が遅くなる傾向が確かめられている．

グラスエンドファイトが感染していた植物遺体が地表に集積していると，そこから出現する芽生え（実生）の密度まで低下するという実験結果もある．内生菌の感染は，土壌に供給される植物遺体を介して，植物群落の動態に間接的にも影響を及ぼしている可能性が考えられる．

さらに勉強したい人のために

- 成澤才彦（2012）エンドファイトの働きと使い方—作物を守る共生微生物．農山漁村文化協会．
- 大園享司（2009）わが国における樹木の葉圏菌類（エンドファイト・エピファイト）の生態学的研究．日本菌学会報 **50**: 1–20
- 大園享司（2012）グラスエンドファイト—その生態と進化．G.P. Cheplick, S.H. Faeth 著，東海大学出版部．
- 山下聡・大園享司（2011）熱帯林における菌類の生態と多様性（第 4 章）．微生物の生態学（大園享司・鏡味麻衣子編），共立出版．
- 谷口武士・大園享司（2011）共生菌・病原菌との相互作用が作り出す植物の種多様性（第 7 章）．微生物の生態学（大園享司・鏡味麻衣子編），共立出版．
- 菅原幸哉・柴卓也（2005）ネオティフォディウム・エンドファイト—その不

思議な生態と世界・日本での取り組み．畜産草地研究所研究資料 第7号．

理解度チェッククイズ

5-1　内生菌が感染したイネ科植物は，ゴルフ場や競技場の芝生としてよく用いられる．どのような利点があるのかについて述べよ．

5-2　グラスエンドファイトの感染が，宿主となるイネ科草本からなる草地群落の植物の種多様性と生産性に及ぼす影響について説明せよ．

5-3　生きた組織に潜在し，枯死後の植物遺体の分解者となる内生菌には，枯死してから植物遺体に定着してくる分解菌に比べて，どのような利点があると考えられるか．

BOX5-1　生物学用語の補足説明（2）

【陸上植物】（land plants）
コケ植物（蘚苔類），シダ植物，種子植物の総称．

【相利共生】（mutualism）
生物種間の相互作用の一形態で，それによって双方の適応度がともに増加するもの．適応度とは，自然淘汰に対する個体の有利・不利の程度を示す指標で，個体あたりの次世代に寄与する子どもの数で表される．

【落葉樹】（deciduous tree）
1年以内で枯死する葉を持ち，結果としてすべての葉を落として休眠状態に入る時期のある樹木．温帯に多く見られる．広葉樹と針葉樹の両方に見られる．

【常緑樹】（evergreen tree）
常緑葉をもつ樹木．広葉樹と針葉樹の両方に見られる．常緑樹の葉の寿命は1年以上とは限らず，熱帯では3〜4ヶ月のものもある．この場合，落葉する前に次の葉が展開して，葉が連続的についていれば常緑である．

【広葉樹】（land plants）
幅が広い葉をもつ樹木．被子植物の樹木．

【針葉樹】（land plants）
一般に針状の葉をもつ樹木を指すが，植物分類の上では裸子植物の一群を指す．例えば，イチョウは幅が広い葉を持ち，葉は針状ではないが針葉樹に含まれる．

【葉身】（lamina, leaf blade）
扁平に広がった葉の主要部分．組織的には表皮と葉肉と葉脈から構成される．

【葉柄】（petiole）
葉身を支えて茎に接着している葉の柄の部分．

【表皮】（epidermis）
維管束植物の体表面を覆う，一層〜多層の表皮細胞からなる平面的な組織．

【葉肉】（mesophyll）
葉の上下の表皮に挟まれた組織で，主に柔細胞からなる．一般に柵状組織と海面状組織に分化する．

【アルカロイド】（alkaloid）
一般には植物由来の，含窒素，塩基性の有機化合物を指す．これまでに約12,000種が単離されており，その多くは比較的少量でヒトを含む動物に顕著な薬理作用を示す．

【植物ホルモン】(phytohormone, plant hormone)
植物の成長・分化や環境適応反応を，微量で制御する低分子シグナル物質を指す．オーキシン，サイトカイニン，ジベレリン，アブシジン酸，エチレンなどがある．

【一次生産】(primary production)
独立栄養生物による有機物の生産．森林や草地などの陸上生態系では，植物の光合成による有機物生産を指す．菌類や動物といった従属栄養生物の生物体の生産は，二次生産（secondary production）とよばれる．

【生物量・バイオマス】(biomass)
ある時点での任意の空間に存在する生物体の量を表す．現存量ともよばれる．生物の個体群や群集を対象に用いるが，「葉のバイオマス」のように生物体の部分についても用いることがある．

BOX5-2　グラスエンドファイトの発見

牧畜・酪農はニュージーランドの基幹産業であり，人口に対してヒツジの数が8倍いるといわれるほど盛んである．そのニュージーランドの牧草地では，牧草のホソムギがよく使われている．19世紀初頭にイギリスから導入されたもので，1920年頃にはニュージーランドのほとんどの牧草地で用いられるようになった．

しかし，牧草地の拡大にともなって，この牧草を食べたヒツジがライグラス・スタッガー（腰ふら）とよばれる中毒症状を示し，家畜の生産量が低下することが問題となった．1980年代になって，その中毒症状の原因がアルカロイドの1種であることと，そのアルカロイドが植物ではなく，植物の内部に感染した内生菌により生産されることが明らかにされた．

この問題を解決するため，内生菌を除去することでヒツジが食べても中毒しないホソムギが創出された．しかし，この取り組みは失敗に終わる．まず，ホソムギの生産性が低下してしまった．さらに悪いことに，害虫であるゾウムシが大発生して，ホソムギを喰い尽くし，牧草地が崩壊したのだ．

この失敗を通して，内生菌は家畜に中毒を引き起こす悪い生き物ではないことを人々は理解した．内生菌は，ホソムギを家畜や昆虫による摂食から保護する働きを担っていたのだ．人間の一面的な見方が，自然からの思わぬしっぺ返しを引き起こしたといえる．

ホソムギの近縁種であり，同じく牧草に適したイネ科植物に，オニウシノケグサがある．乾燥した気候の卓越する北米大陸の草原地帯では，ヨーロッパ原産であるオニウシノケグサの1品種（ケンタッキー31）がよく生育し，その牧草地は1500万ヘクタールという面積に達している．しかしここでも，その牧草を食べたウシがフェスク・トキシコーシスよばれる中毒症状を示し，その原因が内生菌の生産するアルカロイドであることが1970年代に明らかにされた．

これらの事例によって，内生菌への関心が世界的に高まり，内生菌のさまざまな側面について盛んに研究されるようになった（Easton and Fletcher 2007）．今日では，好ましい性質，すなわち害虫には有害だが家畜には無害であるといった性質をもつ内生菌の系統や，その宿主となるイネ科品種の開発と普及がすでに進められている．また，イネ科植物以外の樹木に内生する菌類についても，活発な研究が行われる契機となった．

BOX5-3　グラスエンドファイトの国際会議に参加して

2007年3月に，イネ科草本の内生菌に関する国際シンポジウムに参加する機会を得た．ニュージーランド南島のクライストチャーチで開催されたこのシンポジウムは，菌類とイネ科草本との相互作用に関する，幅広い研究分野に取り組む世界中の研究者が一堂に会し，最新の研究成果を発表し議論しあう場だ．今回で6回目の開催ということで，120題以上の口頭やポスターでの研究発表と，活発な質疑応答が行われた．

研究発表は，内生菌の多様性，共生関係の生態学，共生のメカニズム，内生菌—草本—植食者の相互作用，内生菌技術の応用，の5つのセクションに区分されて行われた．会期を通じて，どの研究発表も問題設定が明確で，実験データの質が高く，そして何より，研究課題に対する研究者の熱意が伝わってきた．まさに「席を立てない」4日間となった．

なかでも感銘を受けたのが，内生菌とイネ科草本との共生メカニズムとその機能が，ネオティホディウム属内生菌とドクムギ属草本との共生系をモデルとして，詳細に解明されつつあることだ．遺伝子，分子，植物生理，微細形態，そして家畜の代謝活性といったミクロレベルの現象だけでなく，内生菌の生活史，害虫の個体群・群集の動態に及ぼす影響，生態系プロセスにおける役割といった，マクロレベルの研究成果が集積し，統合化されつつあった．

これにより，共生系の機能が，「菌類の遺伝子型」×「植物の遺伝子型」×「環境条件」の3要因の関数で決定されるという共通理解が得られた．この成果に基づき，人間にとって有益な機能を有する内生菌の系統やイネ科植物の品種の開発と普及まで進められているのだから，基礎と応用の連携にも目を見張るものがある．

この内生菌–草本のモデル系が，北アメリカやニュージーランドの広い面積に現実に分布しており，畜産業にとって重要課題であること，菌類やイネ科草本や草地生態系が実験的に扱いやすい対象であること，そして学術的な成果や知識をこのようなシンポジウムや論文を通じて積極的に公表し，共有・蓄積してきたことが，ここまでの研究展開を可能にしたのだと実感した．

またこのシンポジウムでは，モデル共生系についての研究のみならず，世界各地の在来のイネ科植物や，日本も含めて世界各地に導入されたヨーロッパ原産の牧草種における内生菌の多様性や共生系の機能に関する報告も数多く行われた．モデル系で得られたのとまったく逆の結果が得られた事例もあり，今後も次々と新しい発見がなされるのではないかという期待感，ワクワク感もあった．

これらの研究成果も含めて，シンポジウムで発表された研究の内容はプロシーディングにまとめられている．その後，2009年にはグラスエンドファイトの生態と進化についての成書「Ecology and Evolution of the Grass-Endophyte Symbiosis」が出版され，2012年にはその日本語訳を「グラスエンドファイト—その生態と進化」というタイトルで上梓した（大園 2012）．グラスエンドファイトの生態と進化に関するトピックが網羅的に扱われている良書である．内容はやや専門的だが，興味のある方はぜひ手に取ってもらいたい．

第6章
菌根菌

菌根菌は，植物の根に感染して菌根とよばれる共生器官を形成する菌類である．約27万種の陸上植物のうち，9割以上が菌根菌と共生している．菌根共生は地球上にみられる，もっとも普遍的な共生関係の1つである．

本章では，菌根菌とはどのような菌類かについて紹介したのち，菌根菌の共生機能，生活史戦略について順に見ていく．最後に，菌根共生が生物多様性と生態系に及ぼす影響について考察する．

6-1 菌根菌はどのような菌類か

菌根菌（mycorrhizal fungi）は，植物の根に感染して**菌根**（mycorrhiza，複数形 mycorrhizae）とよばれる共生器官を形成する菌類である．菌根菌が感染する植物は**宿主**とよばれる．

菌根菌と宿主植物は，双方がいずれも利益を受ける**相利共生**の関係にある．菌根菌は，菌根を介して，宿主植物から光合成産物である糖類の供給を受ける．このため，菌根菌は，土壌に含まれる有機物のみを炭素源として利用しなくて済む．一方で宿主植物は，菌根菌が土壌で吸収した水分と無機塩類を，菌根を介して受け取る．

菌根は，共生に関わる菌類の分類群，宿主植物の分類群，および菌根の形態的な特徴により区分される．これまでに，外生菌根，アーバスキュラ菌根，内外生菌根，エリコイド菌根，アーブトイド菌根，モノトロポイド菌根，ラン菌根の7タイプが知られている（表6-1）．このうち，普遍的で，よく研究が進んでいるのが，外生菌根とアーバスキュラ菌根である．

表 6-1　菌根の 7 タイプ

名称	宿主植物	菌類	形態的特徴
外生菌根	マツ科・ブナ科・ヤナギ科・フタバガキ科など	担子菌門, 子嚢菌門・ケカビ類の一部	ハルティヒネット, 菌鞘
アーバスキュラ菌根	ほとんどの陸上植物	グロムス菌門	樹枝状体（アーバスキュル）, 嚢状体（ベシクル）
内外生菌根	マツ属・カラマツ属	子嚢菌門 *Wilcoxina* 属	ハルティヒネット, 菌鞘, 菌糸コイル
エリコイド菌根	ツツジ科	子嚢菌門ビョウタケ目	菌糸コイル
アーブトイド菌根	ツツジ科（イチヤクソウの仲間など）	担子菌門	ハルティヒネット, 菌糸コイル
モノトロポイド菌根	ツツジ科（シャクジョウソウの仲間）	担子菌門	ハルティヒネット, 菌糸ペグ
ラン菌根	ラン科	担子菌門	菌糸コイル

1)　外生菌根

外生菌根菌（ectomycorrhizal fungi）は, 担子菌門を中心に, 子嚢菌門, ケカビ亜門などの 6,000 種以上が含まれる多系統群である（図 6-1）. 宿主は, マツ科, ブナ科, カバノキ科, ヤナギ科, フタバガキ科などの樹木である. これらの樹種は, 温帯林を中心に, アジア熱帯林や北方林, 北極ツンドラで優占する. このため, 外生菌根菌は世界各地の森林やツンドラで頻繁に観察される.

外生菌根は, 菌根化していない細根とは異なる外部形態を有する. 外生菌根は細根に比べて, 一般に枝分かれが多く, 短い. 外生菌根は外部形態に基づいて, 羽状, 棍棒状などに分類される（図 6-2a）.

2)　アーバスキュラ菌根

アーバスキュラ菌根菌（arbuscular mycorrhizal fungi）はもっぱらグロムス亜門に属する菌類であり, これまでに 200 種ほどが知られている. 外生菌根菌とは対照的に, アーバスキュラ菌根菌は単系統群である. 菌類としての種数は少ないが, 全陸上植物種の約 9 割を宿主として共生関係を結んでいる. アーバスキュラ菌根を形成しない約 1 割の植物種は, アブラナ科, アカザ科, カヤツ

図 6-1　代表的な担子菌門の外生菌根菌の子実体．テングタケ科 Amanitaceae（a），イグチ科 Boletaceae（b），フウセンタケ科 Cortinariaceae（c），ベニタケ科 Russulaceae（d）．

リグサ科などである．

アーバスキュラ菌根菌が感染した植物根では，菌根内部に特徴的な構造が認められるものの，外生菌根のような外部形態の変化はみられない．このことから，アーバスキュラ菌根菌を，内生菌根菌（endomycorrhizal fungi）とよぶ場合もある．なお，植物根の関連菌として根内生菌があるが（5-1 節を参照），これは内生菌根菌とは別のグループの菌類として扱うことが多い．

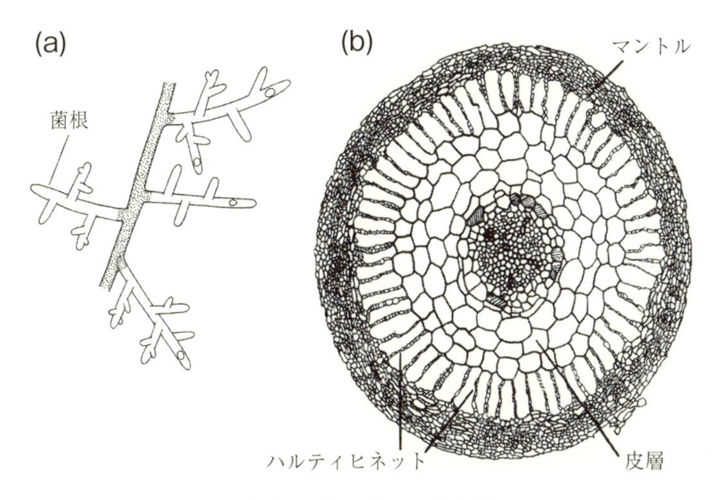

図 6-2　ブナの外生菌根の外部形態（a の白色部）と断面（b）．Ingold and Hudson（1993）より．

6-2　菌根菌の共生機能

1)　菌根の構造

菌根菌は，菌糸で植物根の内部に感染して菌根共生を成立させるのと同時に，菌根から土壌中へと**外部菌糸**（extramatrical mycelium）を伸長させる．すなわち菌根菌の菌糸体は，植物と物質交換を行う菌根内部の菌糸と，土壌中で水分や無機養分の吸収を担う外部菌糸からなる．このうち菌根の内部では，菌根のタイプごとに菌根菌の感染にともなう特徴的な構造が認められる．

菌根の構造をみるのに先立ち，植物の根の構造について確認しておこう．植物の根は，主に地上部の支持を担う支持根と，養分吸収を担う細根に大別される．両者を明確に定義して区別するのは容易ではないが，一般に直径 2 ミリメートル以下の根が細根とよばれる．菌根菌が感染するのは，この細根である．

細根の断面を観察すると，植物細胞が同心円状に配列している様子が認められる（図 6-2b）．もっとも外側にある細胞層が表皮（epidermis），中心部にあるのが維管束からなる髄（pith）である．表皮と髄のあいだにある細胞層は皮

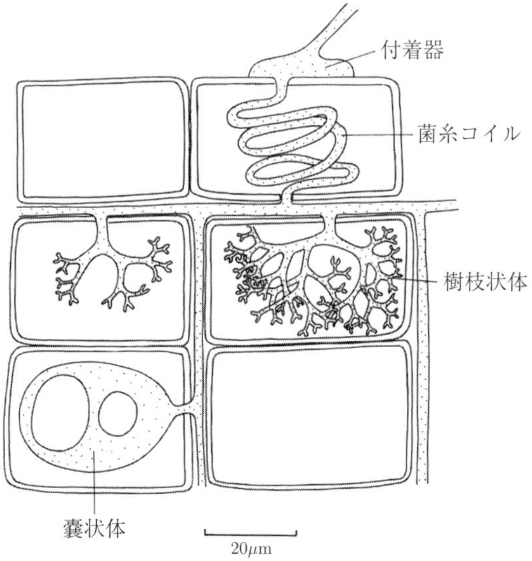

図 6-3　アーバスキュラ菌根の断面．根の皮層の一部を示す．菌根菌の菌糸がドットで示されている．Ingold and Hudson（1993）より．

層（cortex）とよばれる．

外生菌根の断面構造の特徴は，さまざまな外生菌根菌で共通している（図 6-2b）．表皮の外側には，**菌鞘**（sheath）とよばれる菌根を取り巻く菌糸の層がみられる．皮層細胞のまわりを取り巻くように菌糸が充満しており，**ハルティヒネット**（Hartig net）とよばれる．ハルティヒネットの名称は，19 世紀のドイツの植物病理学者で菌根の観察を行ったロバート・ハルティヒに由来する．

アーバスキュラ菌根では，皮層細胞の内部に菌糸に由来する特徴的な構造が認められる（図 6-3）．細かく枝分かれした構造は，**樹枝状体**（アーバスキュル，arbuscule）とよばれる．袋状の構造は，**嚢状体**（ベシクル，vesicule）とよばれる．ただし，これらの構造は，後述するように，植物細胞の細胞膜の内側に存在するわけではない．

アーバスキュラ菌根はさらに，アルム型（*Arum*-type）とパリス型（*Paris*-type）に区別される．アルム型は主に作物にみられ，細胞間菌糸と樹枝状体が認められる．パリス型は主に樹木や森林性の草本にみられ，細胞内でコイルと

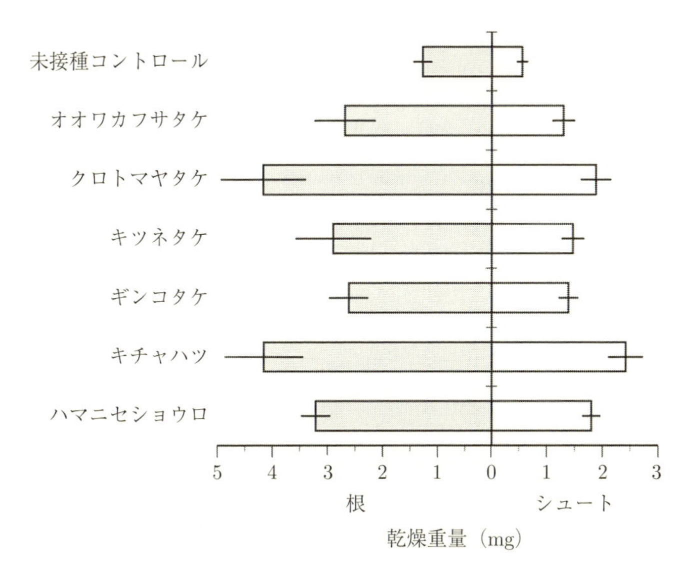

図 6-4　外生菌根菌の種の違いによるミヤマヤナギ実生の成長量の違い．エラーバーは標準誤差．Nara（2006）より作図．

よばれるらせん（渦巻き）状の菌糸が発達する．

2)　菌根菌の共生機能

外生菌根菌やアーバスキュラ菌根菌との共生は，宿主植物に利益をもたらす．例えば，宿主による水分や栄養の吸収の促進，宿主の成長の促進といった効果がある．さらに，乾燥，塩分，重金属，病原菌の感染や植食者による摂食といった，各種のストレスに対する宿主の抵抗性を高める効果も知られる．アーバスキュラ菌根菌は，植物のリン吸収を促進する効果が特に高いことで知られる．

このような共生機能には，菌根菌の種と宿主の組み合わせによって差が認められる．富士山の火山荒原で，複数の外生菌根菌を用いて調べた例をみてみよう（Nara 2006）．ミヤマヤナギの実生（芽生え）の成長速度は，共生する菌根菌の種により大きく異なった（図 6-4）．特に，クロトマヤタケ *Inocybe lacera* やキチャハツ *Russula sororia* と共生したとき，実生の成長促進の効果が大きかった．

菌根菌には，特定の属の植物とのみ共生する特異性の高い種から，幅広い分類群の植物と共生関係をもつ特異性の低い種までが含まれる．例えば，ヌメリイグチ属 *Suillus* やショウロ属 *Rhizopogon* の外生菌根菌は，もっぱらマツ科の樹木と共生する．一方で，ベニタケ属 *Russula* やチチタケ属 *Lactarius* の外生菌根菌には，幅広い分類群の樹木と共生する種がみられる．このように，菌根菌の種と宿主植物とのあいだには，さまざまなレベルでの特異性，すなわち**宿主特異性**（host specificity）が認められる．

通常，1種の宿主植物は複数種の菌根菌と共生関係にある．埼玉県秩父で8樹種の成木を対象に，外生菌根菌の種数を調べた例がある（Ishida *et al.* 2007）．樹種あたり23～47種，樹木1個体あたり平均で5.4～12.0種もの外生菌根菌が認められた．この研究では，外生菌根菌の種組成についても樹種間で比較されており，分類学的に近い樹種の組み合わせほど，菌類の種組成も似通っていた．

植物と菌根菌との関係は古く，植物と菌類の陸上進出の時期までさかのぼると考えられている．ライニーチャート（Rhynie Chert）はスコットランドにある前期デボン紀（約4億年前）の地層だが，ここから出土し *Horneophyton ligneri* と名付けられた，初期陸上植物の化石について詳しい観察がなされた．この植物の組織内で，現存する陸上植物ではコケ類・シダ類にみられる，グロムス類およびケカビ類の菌根と類似した構造が認められている（図6-5）．

前期デボン紀は，初めて植物が陸上へと進出した時期であった．この化石植物の組織内にみられた菌類の機能は明らかではないが，それまで水中生活を営んでいた植物が，乾燥の卓越する陸上に進出する上で，菌根共生が重要だったのかもしれない．同時に，菌類にとっても，有機物の乏しい陸上で生活する上で，菌根共生のメリットは大きかったと推察される．

3) 共生機能を担う菌糸の特性

菌根共生を通じて植物が得る利益には，菌糸の特性が深く関与している．以下に7つの特性を挙げる．

1. 細根が入れないような土壌空隙にも，外部菌糸なら入り込める．土壌は構造的に，固相，気相，液相の三相に区分される．土壌有機物や土壌鉱物から

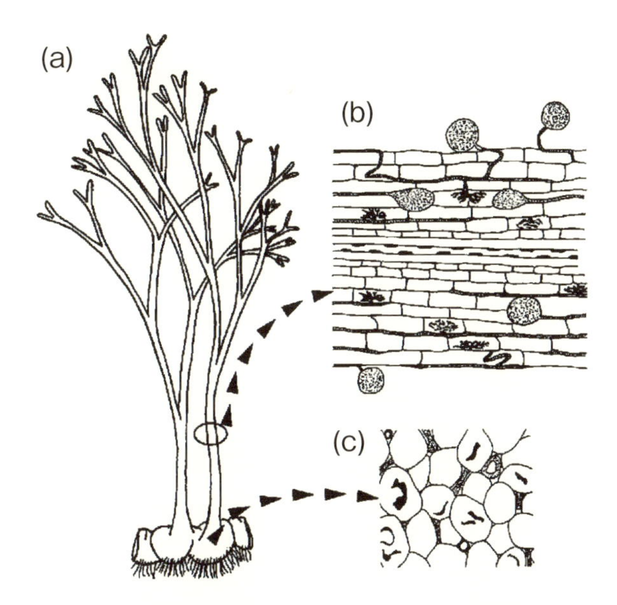

図 6-5　初期陸上植物 *Horneophyton ligneri* の化石にみられた菌根様の構造（a）．茎には現存するアーバスキュラ菌根の樹枝状体や嚢状体に類似した構造が認められる（b）．球茎には現存するケカビ類が形成する菌根に類似した構造が認められる（c）．Strullu-Derrien *et al.*（2014）より．

なる固相のあいだにさまざまなサイズの空隙が存在し，空気あるいは水分で満たされている．菌糸は細根が入り込めないような小さいサイズの土壌空隙に入り込み，細根ではアクセスできない水分や無機塩類を獲得できる．

2. 細いことによる，長さと表面積の増大．細根と菌糸がいずれも円筒形であると仮定した上で，同じ体積をもつ細根と菌糸を比べてみよう（図 6-6）．直径は植物の細根で約 2 ミリメートルであるのに対し，菌糸では 10 マイクロメートル以下（3-2 節を参照）と，太さにして 200 倍以上の違いがある．すると，菌糸の表面積（円筒の断面積を含まない）は細根の 200 倍以上，長さはなんと 4 万倍以上になる．菌糸は同じ体積の細根に比べて広い範囲で土壌資源の探索を行うことができ，広大な環境との境界面（表面積）を通じて効率的に土壌資源を吸収できる．
3. 外部菌糸が分枝と吻合をくり返して菌糸ネットワークを形成することで，

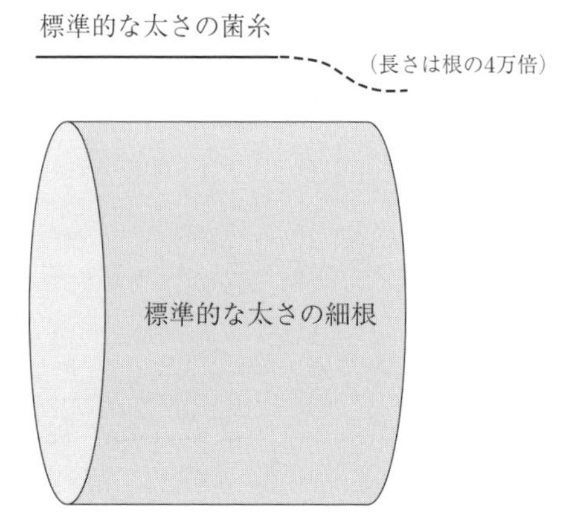

図6-6　標準的なサイズの菌糸と細根の比較．同じ体積で，いずれも円筒形と仮定すると，菌糸の直径は細根の200分の1，菌糸の長さは細根の4万倍となる．

土壌中に不均一に分布する資源を効率的に探索できる（3-5節を参照）．

4. 菌糸の細さは，植物との物質交換でも効果的である．アーバスキュラ菌根菌は，植物根の皮層細胞に樹枝状体とよばれる構造を形成する．樹枝状体はただでさえ細い菌糸が，さらに細かく枝分かれした特殊な菌糸である．樹枝状体は植物細胞の細胞壁を貫通するが，植物細胞の細胞膜には貫入している．つまり，植物細胞と接触しているものの，植物の細胞膜によって植物の細胞質と隔てられている．樹枝状体が細かく枝分かれして植物細胞の細胞膜に貫入することで，菌糸と植物細胞膜との境界面（インターフェース）の面積が飛躍的に増大する．これにより，菌糸と植物細胞のあいだで，物質の交換が効率的に行われる．
5. 外生菌根の場合，根の表面を菌鞘が覆うことで物理的な防御となる．菌根化により土壌病害への耐性が付与される場合があるが，これは菌鞘が病原菌の細根への到達を妨げることによる．
6. 菌根菌は植物ホルモンを合成する．菌根共生にともなってオーキシンやサイトカイニン，ジベレリン酸，アブシシン酸が集積し，植物（と菌糸）の成長を変化させる例が報告されている（Chanclud and Morel 2016）．
7. 菌糸は細胞外酵素を分泌し，土壌中に含まれる有機物を低分子化する（3-4

節を参照）．植物根それ自身も，有機リン化合物を加水分解するホスファターゼなどの酵素を生産するが，例えば，腐生的な性質を併せもつエリコイド菌根菌は，リグニン分解に関与するラッカーゼとよばれる酵素（8-2 節を参照）を生産することが確かめられている．

6-3　菌根菌の生活史戦略

生活史（life history）は，生物の個体が出生してから死亡するまでにたどる過程を指す．**生活史戦略**（life history strategy）は，生活史のなかで，成長や繁殖，分散，生存といった個々のイベントに関わる性質を指す．菌根菌では，種ごとに異なるタイプの生活史戦略が認められている．

1)　定着戦略

外生菌根菌では，**胞子定着戦略**（spore colonization strategy）と**菌糸定着戦略**（mycelial colonization strategy）の 2 つの生活史戦略が認められている（Kropp 2005）．胞子定着戦略では，一般に菌糸体は世代時間が短い（短命）．菌糸体バイオマスも小さく，胞子によりくり返し定着する戦略である．一方，菌糸定着戦略では，菌糸体が比較的長命であり，菌糸体バイオマスが大きくなる傾向にある．この 2 つの生活史戦略は，ロジスティック式から導かれる r 戦略と K 戦略に，それぞれ相当する（BOX6-1 を参照）．

すべての外生菌根菌が，この胞子定着戦略と菌糸定着戦略のいずれかに区分されるわけではない．個々の菌類種の生活史戦略は，この 2 つの戦略を両極端とする連続的な軸のなかに位置付けられる．また，種によっては，生育環境に応じて生活史戦略を変化させるものもいる．このため，菌類種ごとに，あるいは環境条件に応じてさまざまな戦略がみられる．同属であっても，種により生活史戦略が異なる場合もある（広瀬 2017）．

2)　外部菌糸による土壌資源の探索

外生菌根菌では，外部菌糸の発達具合，すなわち外部菌糸による土壌資源の探索様式にバリエーションがみられる．それらは，下記の 5 タイプに区分される（広瀬 2017）.

1. 接触タイプ：チチタケ属やベニタケ属などの菌根は平滑な菌鞘を有し，そこから伸長する外部菌糸の量はわずかである．
2. 短距離タイプ：ワカフサタケ属 *Hebeloma* などにみられ，菌根から外部菌糸が豊富に伸長するが，根状菌糸束の形成はみられない．
3. 中距離タイプ：菌根から根状菌糸束が伸長する．キシメジ属 *Tricholoma*，フウセンタケ属 *Cortinarius*，テングタケ属 *Amanita*，キツネタケ属 *Laccaria* などにみられる．
4. 長距離タイプ：高度に分化した根状菌糸束を発達させる．コツブタケ属 *Pitholithus*，ヌメリイグチ属など．
5. おんぶタイプ：オウギタケ属 *Gomphidius* やクギタケ属 *Chroogomphus* は菌根を形成するが，その菌糸は他の菌根菌の根状菌糸束や菌鞘の内部へと伸びる．

これらのうち，接触タイプ（1）と短距離タイプ（2）の外生菌根菌は，上述の胞子定着戦略をもつと推定される（広瀬 2017）．一方，長距離タイプ（4）の外生菌根菌は，菌糸定着戦略をもつと推定される．中距離タイプ（3）の外生菌根菌は，両方の定着戦略でみられる．

3) 胞子による分散

菌根菌は胞子により，親菌糸体から離れた新たな場所に定着する．このため胞子の分散および休眠，発芽に関わる形質は，菌根菌の生活史を特徴づける重要な性質となる．

グロムス類では有性生殖が知られていないが，外部菌糸上に多核で，ときに100マイクロメートルに達する比較的大型の無性胞子を形成する．一方，担子菌類の形成する有性胞子である担子胞子は，通常15マイクロメートルにも満たない大きさである．

担子菌類に属する外生菌根菌の多くは，**地上性**（epigeous）で大型の子実体を形成する．これらの子実体で生産された胞子は，風散布される．一方，ショ

図 6-7　トリュフの子実体.

ウロ属の子実体やグロムス類の胞子は，**地下性**（hypogeous），すなわち地中において形成される．これら地下性の胞子は，主に菌食性の動物により散布される．例えば，地下性菌であるトリュフ（truffle）の子実体は，その強い芳香によりブタを誘引し捕食されることで胞子が散布される（図 6-7）.

休眠性（dormancy）とは，胞子が形成されてから一定期間，水分や温度などの環境条件が好適であっても発芽しない性質を指す．外生菌根菌の胞子は，一般に休眠性をもたない．つまり，温度や水分や，宿主植物の根が存在するなどの条件が揃えば発芽する（Nara 2008）．また外生菌根菌の胞子は，一般に寿命が短く，時間とともに感染力が低下する．しかし，なかには休眠性を持ち，胞子の形成のあと 4 年にもわたって感染力を有する外生菌根菌の種も発見されている.

外生菌根菌の担子胞子は，合成培地に播いても通常ほとんど発芽しない．ところが植物根の存在下で，胞子の発芽率が上昇する場合がある．特に，ショウロ属，キツネタケ属，アセタケ属 *Inocybe*，ワカフサタケ属には，根の存在下で胞子の発芽率が 50%を超える種が含まれる（Nara 2008）．一方，チチタケ属，ベニタケ属，フウセンタケ属，テングタケ属のこれまで調べられた種では，根の存在下であってもほとんど発芽しない（発芽率 10%以下）.

6-4　菌根共生と生物多様性・生態系

1)　植物間の相互作用に及ぼす影響

植物は，周辺の植物個体とのあいだで，光や栄養塩をめぐる競争にさらされている．菌根菌との共生は，宿主となる植物の種間競争，すなわち異種の植物個体群のあいだにみられる競争の結果に影響する．菌根菌の感染にともなう植物の種間競争の変化は，さらに植物群集の種数や種組成をも変化させることが確かめられている（谷口 2011）．

アメリカ合衆国カンザス州のプレーリーでは，菌根菌が存在する条件と存在しない（不在）条件で，2種の植物（ビッグブルーステムとプレーリージューングラス）の種間競争が調べられた（Hetrick *et al.* 1989）．この2種の植物はいずれもアーバスキュラ菌根性だが，後者よりも前者のほうが，菌根共生による成長促進効果が高い．実験により，菌根菌の存在下ではビッグブルーステムのほうが競争的に優勢だが，菌根菌が不在の条件下では優劣が逆転し，プレーリージューングラスが種間競争において優勢になることが示された．

より多数の植物種からなる群落レベルでも，菌根菌の存在は波及的に影響する．上述のプレーリーで，殺菌剤を連年散布することで，アーバスキュラ菌根菌の感染率を低下させる操作実験が行われた．この草地ではもともと，菌根菌への依存度が高い草本種が優占していた．このため，殺菌剤処理により，菌根性の優占植物種は減少した．そのかわり，低位であった非菌根性の植物種が増

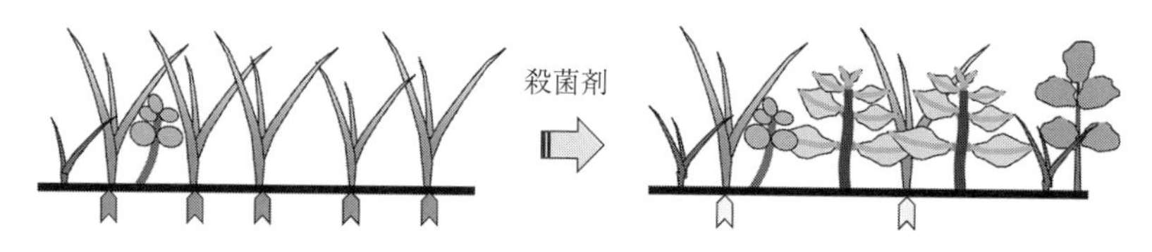

図 6-8　殺菌剤による菌根菌の除去が，プレーリーの植物多様性に及ぼす影響．元々は菌根菌（黒塗りの矢型）と共生する植物が優占していた．殺菌剤処理によりこの菌根性植物が減少し，かわって低位であった植物種が増加したため，植物の種多様性は増加した．Hartnett and Wilson（1999）より．

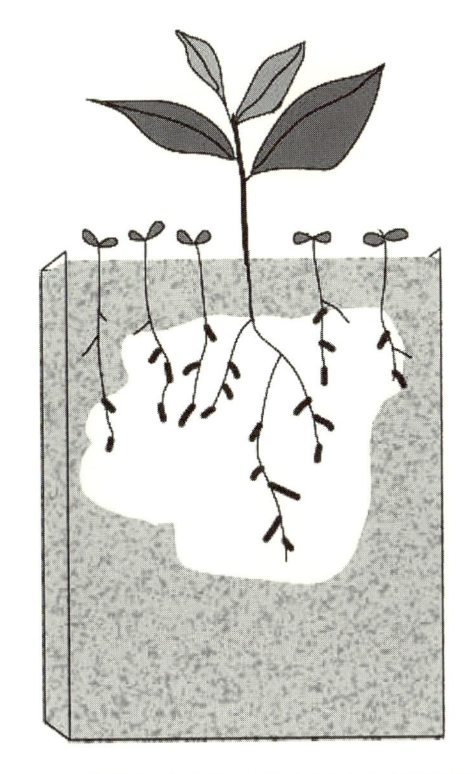

図 6-9　菌根ネットワークの模式図．菌根菌の外部菌糸からなる菌糸体が，白い範囲で示されている．Nara（2006）より．

加した．これらの変化の結果，植物群落全体での種多様性は増加した（図 6-8）．

この結果は，もともとの草地において，菌根共生が植物の種間競争を変化させていたことを示している．菌根性の草本種が競争的に優位となることで優占し，群落全体の種多様性が低く抑えられていたのである．

2)　菌根共生と生態系

菌根性の植物の根における菌根の感染率は，ほぼ 100%である．自然条件下では，植物は根をもつというより，菌根をもつ，というほうが現実的であろう．宿主植物の根系の周辺土壌には，菌根菌の菌糸が張り巡らされている．これを**菌**

根ネットワーク（mycorrhizal network）とよぶ（図 6-9）.

ショウロ属の外生菌根菌が作る菌根ネットワークの規模が，カナダ西部のダグラスモミ林で実際に調べられた（Beiler *et al.* 2010）．菌根菌の 1 クローン（同一の遺伝子型をもつ菌糸体の集団）は平均 14 メートルもの範囲に広がっていて，さまざまな樹齢の，平均 10 個体のダグラスモミと共生していた．ダグラスモミのなかには，8 クローンもの菌根菌と共生している個体もいた．

このように，菌根菌は同種の複数の植物個体どうしを，ときには種の異なる植物個体どうしを，菌根ネットワークにより連結する場合がある．このため菌根ネットワークの存在は，その土壌に定着してくる次世代の実生の成長や生存に大きく関わる．例えば，富士山の火山荒原では，外生菌根性であるミヤマヤナギの存在が，他の菌根性樹種の定着を促進することが示されている．

菌根共生は農林業の分野においても注目されており，乾燥地での植林や熱帯林の再生などの場面で活用されている．例えば，造林樹種のマンギウムアカシアでは，植栽のとき根に菌根菌を接種しておくことで，苗木の活着率と初期成長率がともによくなる．子実体が高級食材となるマツタケ *Tricholoma matsutake* も外生菌根菌であり，里山マツ林においてマツ類の重要な共生相手となっている（山田 2003）.

本章の最後に，地球規模で外生菌根菌の種多様性パターンを比較した研究を紹介する（Tedersoo *et al.* 2012）．世界各地で得られた外生菌根菌のデータを集めて，メタ解析（複数の研究結果を統計手法によって統合化し，全体的な傾向などを定量化すること）が行われた．その結果，種数は中緯度に位置する温帯林と北方林でもっとも多く，熱帯林と極域ツンドラで少なかった．ツンドラでの種数の少なさは，低温や降水量の少なさで説明された．熱帯林で種数が少ないという結果は直観的な予想に反するが，熱帯では分解が活発に進むため土壌有機物の集積量が少ない．このことが，外生菌根菌の種の少なさに影響しているかもしれない．

さらに勉強したい人のために

- 広瀬大・大園享司訳（2011）菌類をとりまく環境（第 2 部）．菌類の生物学，生活様式を理解する．D.H. Jennings, G. Lysek 著，京都大学学術出版会．
- 広瀬大（2017）肉眼で見ることの出来ない菌類のクローンで増える生き方．日本生態学会誌 **67**: 161–168.
- 谷口武士（2011）菌根菌との相互作用が作り出す森林の種多様性．日本生態学会誌 **61**: 311–318.
- 山田明義（2003）アカマツ林における外生菌根菌の生態と菌根形成に関する研究，及び菌根性きのこ類の人工増殖に関する総合的研究．日本菌学会報 **44**: 9–18
- 鷲谷いづみ監修・編著（2016）個体群の動態（第 6 章）．生態学，基礎から保全へ，培風館．

理解度チェッククイズ

6-1　菌根共生が相利共生とよばれる理由を記述せよ．相利共生とは何かという点と，共生に関わる生物それぞれが得る利益は何かという点に言及せよ．

6-2　菌根共生を通じて植物が得る利益は，菌糸のどのような特性と関わっているかについて記述せよ．

BOX6-1　*r*-*K* 戦略

生物は，環境の変動などにより新たな住み場所が生じたとき，そこにいち早く到達し，他の生物に先駆けて個体数を増加させることができれば，その住み場所で勝ち残るチャンスが高くなる．一方，安定した環境下では，そのようなスタートダッシュ競争よりも，生存競争に勝ち抜いて，個体数を最終的に高いレベルで維持できるほうが生き残れるチャンスが高いといえる．

生態学では，前者を r 戦略，後者を K 戦略と呼んで区別している．これら 2 つの戦略は，不安定で予測性の低い環境と，安定していて予測性の高い環境において，それぞれ自然選択により進化しやすい生活史戦略といえる．r 戦略

と K 戦略の生物にみられる一般的な特徴を，表 6-2 にまとめる．

表 6-2　r 戦略と K 戦略の特徴（鷲谷 2016 を一部改変）．

	r 戦略	K 戦略
環境	不安定かつ予測不可能	安定かつ予測可能
死亡率	密度非依存的	密度依存的
生存曲線	初期死亡率が高い	初期死亡率が低い
個体数	時間的変動大きい 環境収容力に比べて小さい	時間的変動小さい 環境収容力に近い
種間・種内の競争	弱い	激しい
生活史特性	成長が速い 内的自然増加率が大きい 成熟が早い 体サイズが小さい 一回繁殖 多数の小さい子どもを作る 寿命が短い	成長が遅い 競争力が強い 成熟が遅い 体サイズが大きい 多回繁殖 少数の大きい子どもを作る 寿命が長い

生物の個体数が非常に少ない状態から増加するとき，その変化はシグモイド曲線とよばれるS字型の曲線に従うことが知られている．そのS字型の増加パターンは，次のロジスティック式で表される：

$$\frac{\mathrm{d}N}{\mathrm{d}t} = r\left(1 - \frac{N}{K}\right)N$$

N は個体数，t は時間，r は内的自然増加率，K は環境収容力である．この式は，**内的自然増加率** r と**環境収容力** K の2つのパラメータから成り立っている．r 戦略と K 戦略という語は，生物進化の方向性を大きく二分したとき，内的自然増加率を大きくする方向と，環境収容力を大きくする方向とがあるという考え方に由来する．

BOX6-2　真菌感ときのこミュニケーション

菌類の講義で実践してきた「菌類観察会」と「レポート発表会」について紹介しよう．

菌類観察会

学期中に 2 コマ，教室を抜け出してキャンパスのとなりにある吉田山緑地公園を訪ね，野外における菌類の暮らしを体験的に学習する時間を取っている（図 6-10）．受講生の多くが楽しみにしているイベントである（BOX4-1）．

図 6-10　吉田山観察会の様子．

観察会では参加者に紙袋を 1 枚ずつ渡して，自由にきのこを採取してもらう．「きのこがありそうな場所に行って，自由にきのこを探して下さい．袋一杯，詰め放題です」というと，学生の目が輝きだす．宝探しに似た楽しみがあるのだろう．

一時解散してしばらくすると，山のあちこちから若人たちの黄色い歓声が聞こえてくる．教員は声のするほうに向かい，歩道にしゃがみ込んでいる（きのこ採取中）学生に話しかけたり，学生の質問に答えたりしている．

再集合すると，こんどは品評会が始まる．採取したきのこは，形の似たものどうしをまとめて並べるよう伝える．学生は隣の学生と自由に話しあい，採取したきのこを互いに見比べながら作業を進めていく．

しばらくすると，さまざまな形の，色とりどりのきのこが目の前に並べられることになる．たくさん取れるときと，あまり取れないときがあるが，それでも学生たちは身近にある菌類の多様性に目を見張り，菌類の豊かさを実感することになる．

キクラゲが大学のとなりの雑木林に，ごく普通にあることに驚く．ホコリタケやツチグリから，胞子が噴き出す様子に歓声を上げる．チチタケを実際に傷つけてみると，名前の由来を実感できる．なかには冬虫夏草を掘り出してくる猛者もいる．大きなイボテングタケは，つばやつぼといった部位の名称を説明するのに格好の材料である．

ティッシュ越しでしかきのこに触れない学生もいるが，できる範囲で，手触りや臭いも体験してもらう．サンコタケ（図 1-1b）はいちど手にしたら最後，その強烈な臭いとともに名前が脳裏に刻み込まれることになる．その臭いでハエを誘引して胞子を運んでもらっているというと，嗚咽しながら頷いてくれた．

講義室では眠そうな目をして座っている学生たちも，野外では興味津々，教員の説明に熱心に耳を傾けている．菌類への親近感（＝真菌感）を養うには，10 回の座学より，2 回の実体験のほうがはるかに効果的なのだと実感する．

レポート発表会

講義では期末試験のかわりに，レポート試験を実施するときがある．レポート課題は講義内容に関連したテーマで，学生それぞれの興味を深化させたり，疑問点を解決したりする機会となるよう，自由に設定してもらう（BOX9-1）．

そのレポートを，他の学生に向けて発表してもらうのが発表会である．ただし，全員が黒板前に立ってレポートを紹介する時間的な余裕はない．そこで 4 人くらいずつの小グループに分けて，グループ内で順に発表してもらうことにしている（図 6-11）．

このレポート発表会を企画した理由は，単純だ．学生のレポートを見ていると，視点がユニークだったり，かなり掘り下げた内容でオリジナリティが高かったり，図表や構成を工夫して見栄えよく作成したりと，個性があって面白い．そんなレポートを読むのが担当教員ただ一人というのは，もったい

図 6-11　レポート発表会の様子.

ない.

そこでレポート発表会となるわけだが，これまた学生には好評である．発表が終わったあとのレポート裏に感想を書いてもらうと，どの学生にとっても，印象深い経験になったことが伝わってくる.

「内容の準備不足を実感した」,「早口になった」,「質問に答えれなくて焦った」など反省点を書く学生もいるが,「スムーズに発表できてよかった」,「懸命に聞いてくれて話しやすかった」,「質問に上手く答えられてよかった」と手応えを感じた学生も多いことが分かる.

内容面では,「メンバー全員がまったく違うテーマで勉強になった」,「同じテーマを選んでいるのに視点が違っていて勉強になった」という声も多い．同じ内容であっても，年長者である教員が説明するより，同世代の人が説明するほうが，真菌感が湧きやすいのかもしれない.

この発表会は，今後につながる経験となるはずだ.「メンバーのレポートのまとめ方が上手かったので，参考にしたい」,「次また発表する機会があれば，もっと上手くやりたい」といった意欲的な感想を見ると，こちらも嬉しくなる．菌類をテーマにした学生相互のコミュニケーション（＝きのこミュニケーション）も大切なのだと実感する.

第7章 病原菌

生物の生きた組織に感染して病気を引き起こす菌類は，病原菌とよばれる．病原菌が感染する相手方の生物は宿主とよばれ，宿主には植物やわれわれヒトを含む動物，そして菌類自身が含まれる．

本章ではまず，病原菌に関する生物学の基礎的な内容をまとめる．そして植物の病原菌を主な対象として，病原菌の生態，宿主となる植物個体への影響，そして，病原菌が植物群落の多様性や動態に及ぼす影響について順にみていく．

7-1 病原菌の多様性

既知の菌類約10万種（1-3節を参照）のうち，約3割が病原菌として知られる．さまざまな植物，われわれヒトを含む動物，そして菌類自身が，これら病原菌の宿主となる．病原菌は，宿主の種類により，植物病原菌，動物病原菌，菌病原菌とよばれる．

1) 植物病原菌

さまざまな微生物・ウイルスが植物に病害を引き起こすが，なかでも菌類の重要性は圧倒的に高い．ツボカビ門，ケカビ亜門，子嚢菌門，担子菌門など，幅広い分類群の菌類が**植物病原菌**（plant pathogen）として知られる．代表的な病気の例として，主食となる穀物に感染するコムギさび病やトウモロコシ黒穂病がある．樹木の病害としては，ニレ立枯病，クリ胴枯病，ゴヨウマツ発疹さび病が世界三大樹病とよばれよく知られる．

樹木では，生立木の木部が腐朽する病害は特に**腐朽病**とよばれる（服部 2014）．

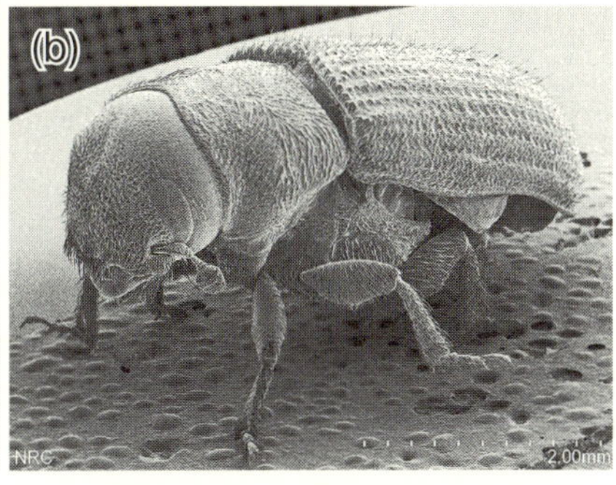

図 7-1　青変菌の 1 種 *Grosmannia clavigera* により青変したマツ（a）と，青変菌の媒介者となるマウンテンパインビートル（b）．菌嚢を頭部に有している．大園（2015）より．（b）は Debra Wertman 氏・Terry Holmes 氏提供．

腐朽病は，発生部位により，根株腐朽や幹腐朽などに区分される．世界最大の生物であるオニナラタケ（3-2 節を参照）も，根状菌糸束によって生木の根に次々と感染し，腐朽病を引き起こす植物病原菌の 1 種である．

植物病原菌には，共生する昆虫を**媒介者**（ベクター，vector）として利用するものがいる．例えばわが国では，カシノナガキクイムシと共生して，ブナ科樹木の萎凋病（通称，ナラ枯れ）を引き起こすラファエレア・クエルキボーラがそうである（1-1 節を参照）．北アメリカでは，甲虫と共生する青変菌（blue stain fungi）がマツの集団枯損を引き起こしている（図 7-1）．世界三大樹病の 1 つ，ニレ立枯病を引き起こすオフィオストマ属 *Ophiostoma* も，キクイムシにより伝播される．これらの菌類は，昆虫に新たな宿主へと運んでもらうかわりに，昆虫のエサとして利用されている．これらの昆虫は，共生菌類を運搬するために特殊化した**菌嚢**（きんのう）（mycangium，複数形 mycangia）とよばれる器官を有している．

2)　動物病原菌

動物病原菌（animal pathogen）は，微胞子虫，ツボカビ門，ハエカビ亜門，トリコミケス綱，子嚢菌門，担子菌門など，分類学的に多岐にわたる．宿主と

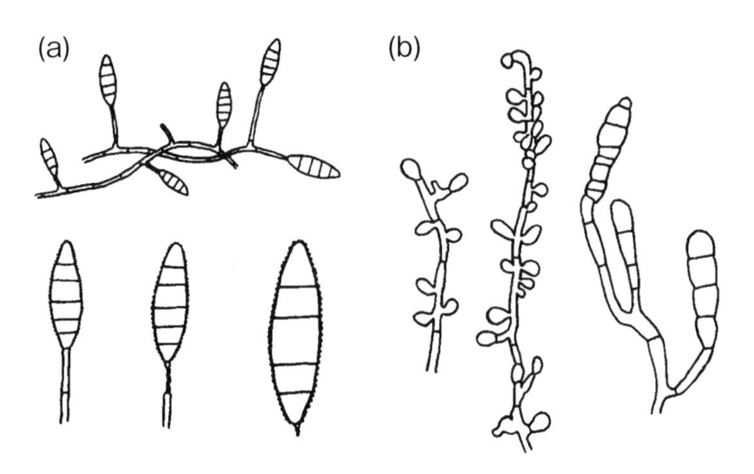

図 7-2　白癬菌．ミクロスポルム属 *Microsporum*（a），トリコフィトン属 *Trichophyton*（b）の栄養菌糸型の分生子．Barnett and Hunter（1998）より．

なる動物もさまざまである．昆虫を宿主とする病原菌では，冬虫夏草とよばれるバッカクキン科の子嚢菌類が代表的な例である．昆虫病原菌の生態と進化については，梶村ら（2007）が詳しい．稲葉ら（2011）では，両生類にカエルツボカビ *Batrachochytrium dendrobatidis* が感染して発生するツボカビ症についてまとめられている．

ヒトも病原菌の基物となる．ヒトの真菌感染症を研究する分野を，医真菌学とよぶ．皮膚糸状菌症（dermatophyte）を引き起こすミクロスポルム属，トリコフィトン属，エピデルモフィトン属の菌類は，一般に「水虫」とよばれる白癬菌である（図 7-2）．抵抗力が弱まった個体に病気を引き起こす，**日和見病原菌**（opportunistic pathogen）も多い．人体表面の常在菌であるカンジダ属 *Candida* は，口腔や膣粘膜にカンジダ症を引き起こす日和見病原菌である．

ヒトに対してアレルギーを引き起こす菌類が知られており，重篤な場合は肺疾患の原因となる．肺に感染する病原菌として，コウジカビ属やスエヒロタケ *Schizophyllum commune* などが知られている．

コクシジオイデス属 *Coccidioides* はアメリカの風土病で，致死率の高いコクシジオイデス症の原因菌である．本症はもともと日本に存在しない病気だが，

図 7-3　菌病原菌．ヤグラタケ *Asterophora lycoperdoides*（a），タケハリカビ属 *Spinellus*（b），ヒポミケス属 *Hypomyces*（通称「タケリタケ」）（c）．（a）は広瀬大氏提供．

海外旅行中に感染して，帰国後に日本国内で発症する例が増加している．このような病気は，輸入真菌症とよばれる．

3)　菌病原菌

菌類自身も，**菌病原菌**（mycopathogen）の宿主となる（図 7-3）．担子菌門のヤグラタケや，ケカビ亜門のタケハリカビ属は，他の菌類の子実体に寄生して，その上で子実体や胞子を形成する．一般に「タケリタケ」とよばれるのは，子嚢菌門ヒポミケス属の菌類が寄生して変形した，宿主菌類の子実体のことである．

7-2　病原菌の生態

1)　移動と分散

病原菌にとって，宿主は空間的にパッチ状に分布する資源である．宿主はいわば，病原菌が移住する「島」と考えることができる（ベゴンら 2013）．このため病原菌と宿主の関係は，いわゆる「**島の生物地理学**（island biogeography）」の理論的な枠組みで扱うことができる（BOX7-1 を参照）．「島」であるとはいえ，宿主それ自体は生物であり，成長したり，病原菌の感染に反応したり，数を増やしたりする．

病原菌が新たな宿主（島）へ感染（移住）できるか否かは，まず，宿主どうしの距離に依存する．感染可能な宿主が途切れることなく近接して分布している状況，例えば，単一の宿主樹種からなる人工林は，病原菌が容易に伝播しやすい環境といえる．

病原菌が宿主から宿主へと伝播する様式には，胞子や根状菌糸束による直接伝播と，媒介者を必要とする間接伝播がある．直接伝播では，感染源となる胞子の大きさや散布力，および休眠期間の長さといった特性が，新たな感染の成功率に大きく関わる．一方の間接伝播では，媒介者が単に病原菌を運搬するだけの場合に比べて，例えば次に述べる中間宿主のように，病原菌を増殖させるような媒介者と共生できれば，感染の成功率は高くなる．

間接伝播する病原菌のなかで，一般にさび病菌とよばれるサビキン亜門の担子菌類は，複雑な生活環を進化させてきた．コムギさび病菌 *Puccinia graminis* の例では，生活環のなかで2種の宿主植物に感染し，5種類の胞子を作る（図7-4）．さび胞子で感染するコムギが一次宿主（primary host），担子胞子で感染するセイヨウメギが中間宿主（alternate host）である．

コムギさび病菌のように，一次宿主と中間宿主に交互に感染することを，**宿主交代**とよぶ．宿主交代により2種以上の宿主に感染する菌類は，異種寄生菌（heteroecious parasite）とよばれる．セイヨウメギは多年生の樹木であり，さび病菌はその内部で年をまたいで存続することができる．このため，セイヨウ

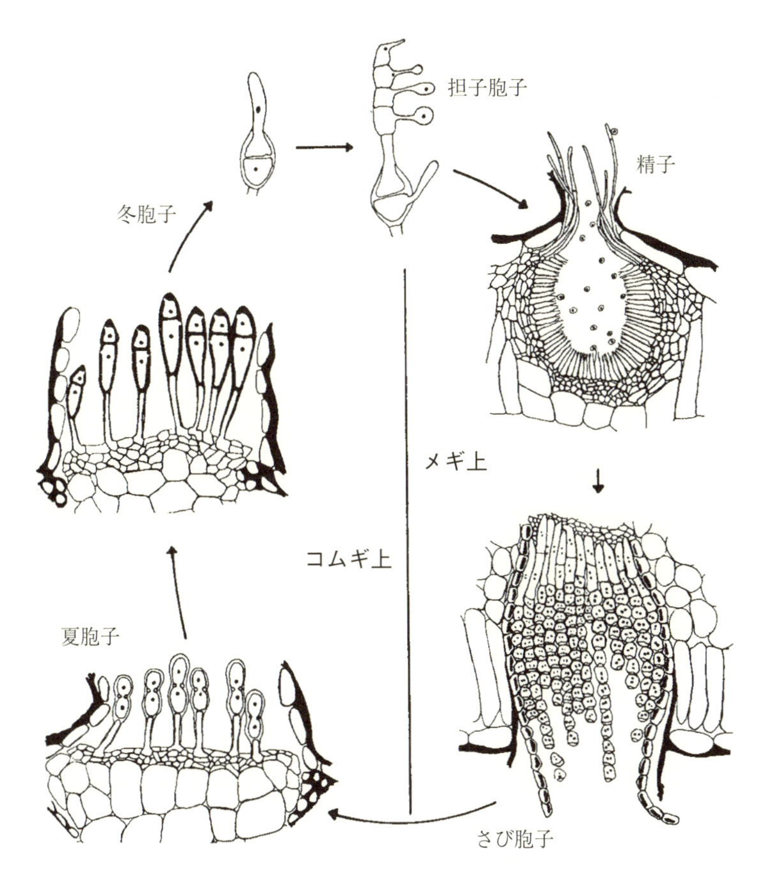

図 7-4　コムギさび病菌の生活環．単相の担子胞子は低木のセイヨウメギに感染し，精子とよばれる胞子を形成して二核化する．二核化した菌糸体はさび胞子を無性的に作り，コムギに感染する．感染した菌糸体は無性胞子である夏胞子を形成して，他のコムギ個体への感染をくり返す．菌糸体は秋の終わり頃に冬胞子を形成して越冬する．冬胞子は翌年の春に発芽して担子器を形成し，担子胞子を形成する．Kendrick（2000）より作図．

メギは，一年生のコムギへの感染源となり続けることができる．

2)　栄養様式・宿主特異性

寄生菌の栄養様式は，**活物栄養性**（biotrophic）と**死物栄養性**（necrotrophic）

に大別される．活物栄養性は，生きた宿主に感染し，生きた細胞から栄養を得る様式である．活物栄養性の病原菌は，生きた宿主でのみ生存可能なことから，絶対寄生菌（obligate parasite）ともよばれる．一方，死物栄養性は，生きた宿主に感染し，細胞を死に至らせてから腐生的に栄養を得る様式である．死物栄養性は，殺生栄養性ともよばれる．

特定の種や分類群の宿主においてのみ感染・発症し，それ以外の宿主では感染ないし発症できない場合，その病原菌は宿主特異性が高いという．逆に，さまざまな種や分類群の宿主において感染し発症する場合，その病原菌は宿主特異性が低いという．一般に，活物栄養性の病原菌の宿主特異性は高く，死物栄養性の病原菌の宿主特異性は低い．

3)　感染様式・寄生生活と宿主の防御応答

病原菌による宿主への感染の成立は，病原菌の宿主に対する感染力および病原力と，宿主の病原菌に対する抵抗力（あるいは感受性），そして環境条件の3要因に依存する．宿主の表面に到達した病原菌は，宿主の内部に侵入し，病原性を発揮してはじめて，宿主の細胞から栄養素を得ることができる．

宿主の表面に到達した病原菌は，植物の場合，気孔や傷口といった開口部から侵入する場合と，分解酵素や貫入菌糸などにより，化学的，物理的な手段で侵入する場合とがある．**付着器**（appressorium，複数形 appressoria）を植物体の表面に形成して，侵入の足がかりにする病原菌もいる．

活物寄生性の植物病原菌は，**吸器**（haustorium，複数形 haustoria）とよばれる特殊な菌糸を有する．吸器を宿主植物の細胞膜に貫入させることで，栄養吸収を行う（図7-5）．吸器は，菌根菌の樹枝状体（6-2節を参照）と同様，ただでさえ細い菌糸が，さらに細かく枝分かれした特殊な菌糸である．菌糸を細くすることで，植物細胞膜との境界面（インターフェース）の面積が増大する．こうして，植物細胞からの栄養搾取を効率的に行うことができる．

病原菌の感染に対する宿主の防御メカニズムは，**構成的防御**（constitutive defense）と**誘導的防御**（inducible defense）に大別される．構成的防御は，感染を受ける前の防御である．植物では，葉の表面の毛や疎水性のワックス構造，および葉に含まれる抗菌物質などが，構成的防御に関与する．一方，誘導的防御は

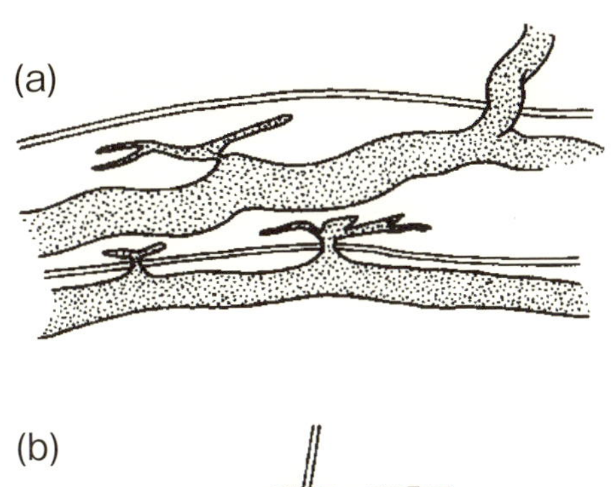

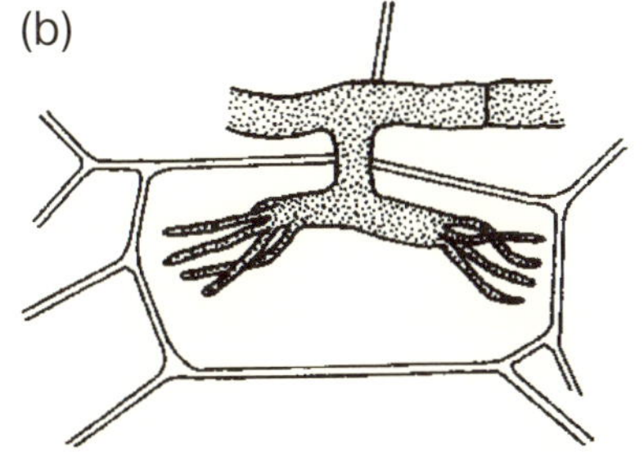

図 7-5　病原菌の吸器．病原菌の菌糸が点画で示されている．ケカビ属の 1 種 *Mucor hiemalis* の菌糸に感染したピプトセファリス・レピデュラ *Piptocephalis lepidula*（a），イネ科植物の葉の細胞に感染したうどんこ病菌 *Blumeria graminis*（b）．広瀬・大園（2011）より．

感染に対する反応としての防御である．リグニチューバー（lignituber）とよばれる沈着物よる菌糸の物理的な封じ込めや，ファイトアレキシン（phytoalexin）と総称される抗菌物質の生産が，誘導的防御の例である．植物の防御反応を誘発する病原菌からのシグナル物質は，エリシター（elicitor）とよばれる．

ここまで述べたような病原菌の宿主に対する感染力と，宿主の病原菌に対する抵抗力は，環境条件の影響を受ける．高温や低温，過湿や乾燥，土壌の栄養条件などの無機的（非生物的）な環境要因と，天敵となる動物や他の病原菌の存在などの生物的な環境要因が，病原菌と宿主の相互関係に影響を及ぼす．

病原菌の感染様式には，**全身感染**と，葉や根など特定の器官に感染が限定される**局所感染**（local infection）がある．特定の器官に局所感染する場合，器官特異性（organ specificity）が高いという．ただし，同じ病原菌でも，宿主となる植物によって感染部位が異なる場合もある.

病原菌の感染により引き起こされる，宿主の生育や発達の異常，器官の変形や萎凋，壊死などの症状を，病徴とよぶ（5-1節を参照）．これら病患部に形成された病原菌の繁殖器官を，**標徴**（sign）とよぶ．宿主上で栄養成長し，繁殖器官の形成に至った病原菌は，新たな宿主へと伝播して感染を拡大することが可能となる.

7-3　宿主個体への影響

前節では，病原菌と宿主植物の相互作用を細胞～器官のレベルでみた．本節では，両者の相互作用を，宿主個体への影響の観点からみる.

1)　展葉への影響

病原菌は，宿主となる植物個体に対して，どのようにしてマイナスの影響を及ぼすのだろうか．これを，冷温帯の落葉高木であるミズキの輪紋葉枯病を例にみてみよう.

輪紋葉枯病の病原菌は，2009年に新属新種として記載された子嚢菌類のハラダミケス・フォリコラ *Haradamyces foliicola* である．本病原菌は，梅雨の時期になるとさまざまな樹木の生葉に感染して病斑を形成し，早期落葉の被害を引き起こす（図7-6a）．しかも本菌は，病斑上に小型の菌糸塊を形成し，これが二次的な感染拡大を引き起こす．ミズキは特に感受性が高く，激しい早期落葉の被害がしばしば認められる.

輪紋葉枯病による激しい早期落葉が認められた年には，葉のフェノロジーが大きく変化する（図7-6b）．**フェノロジー**（phenology）は生物季節ともよばれ，季節的に起こる生物現象の時間的変化のことを指す．葉のフェノロジーといえば，具体的には，葉の芽吹きから展葉，紅葉，落葉までの季節的な変化を指す．葉フェノロジーを追いかけることで，葉群（葉の集団）の成長，すなわち葉数の増加と，死亡，すなわち葉数の減少に及ぼす，病原菌の影響を明らかにすることができる.

病害が発生していない年（通常年）の葉フェノロジーを，まずみてみよう（図

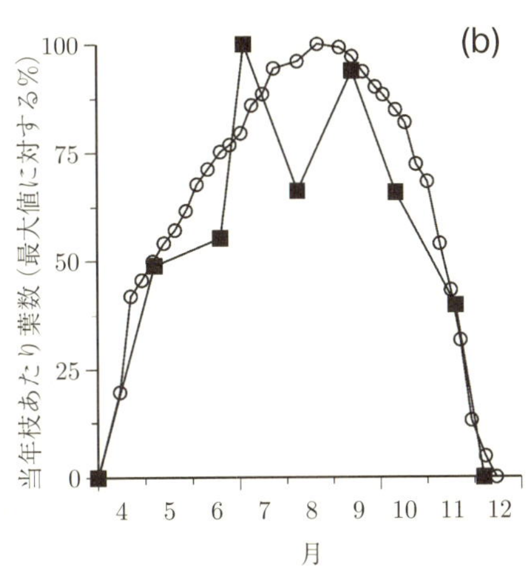

図 7-6　ミズキ葉に出現した輪紋葉枯病の病班（a），輪紋葉枯病による早期落葉が発生した年のミズキの葉フェノロジー（b）．○が病害の発生していない通常年，■が激害の発生年．（a）バーは 1 センチメートル．大園（2009）より作図．

7-6b の○）．ミズキの葉は 4 月から 8 月にかけて順次，展葉し，枝あたりの葉の枚数が増加していく．8 月にピークに達するが，9 月には落葉が始まり，12 月にはすべての葉が脱落した．

一方で，輪紋葉枯病による激しい早期落葉が認められた年には，葉フェノロジーが大きく変化した（図 7-6b の■）．6 月末の梅雨期に本病害の感染率が急激に増加したため，葉の増加が一時的に鈍化した．しかし補償的な展葉により，7 月には葉数が急激に増加した．しかし早期落葉が続いたため，8 月にはシュートあたりの葉数が 7 月に比べて約 66%に減少した．ところが，9 月には頂端の冬芽が展開し，葉数は再び増加した．これも早期落葉に誘導されたミズキの補償成長といえる．

しかし病害発生年の生育期間中，度重なる病原菌の感染による葉数の減少は明瞭である．葉は光合成器官であり，植物の物質生産を担う．このため，本菌が引き起こした早期落葉は，樹木の個体レベルでの一次生産量を低下させることになる．

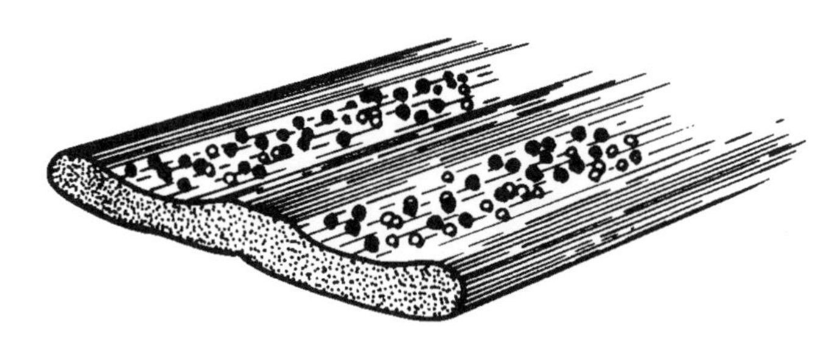

図 7-7　ダグラスモミ針葉の気孔から発生した，スイス落葉病の病原菌の子実体（黒点）．Funk（1985）より作図．

2)　一次生産への影響

早期落葉にともなう一次生産量の低下は，樹木個体全体の物質生産にどれくらい影響するのだろうか．ダグラスモミのスイス落葉病を材料に，それが定量化された．スイス落葉病は，子嚢菌類のフェオクリプトプス・ゲウマニイ *Phaeocryptopus gaeumannii* によって引き起こされる病害である．アメリカ合衆国北西部からカナダ南西部の常緑針葉樹林において，被害が認められている．

本菌は，ダグラスモミの針葉に感染する．ダグラスモミの葉の寿命は 6～8 年程度だが，病原菌は，展葉から 1 年以内の当年葉に感染する．展葉後 1 年以上が経過すると，感染葉の裏側にある気孔から子実体を形成し，早期落葉の被害を引き起こす（図 7-7）．

気孔は，光合成に必要な二酸化炭素を葉に取り込むと同時に，光合成の産物である酸素を葉から放出するための通気口である．この通気口が病原菌の子実体で塞がれると，葉の光合成活性が低下する．病原菌の子実体が，当年葉を除いた針葉の 25%以上で発生すると，その葉群全体でみた光合成による炭素の取り込みが，呼吸による炭素の消失を下回ることが分かった．すなわち，正味の炭素収支，言い換えると「炭素の稼ぎ」がマイナスになってしまう．

ただし，罹病葉が早期落葉すると，罹病葉の呼吸による炭素の消失が減る．このため，病気にともなう炭素収支のロスは低減される．また，子実体の発生しない当年葉が，活発に光合成して炭素を取り込むため，樹冠全体でみると，1 年間での正味の炭素収支がマイナスになることはない．ただし，本病害が数年にわたり大発生すると罹病個体が枯死し，ひいては森林の衰退が認められることになる.

7-4　病原菌と植物群落の動態

本節では，病原菌の存在が，宿主植物の個体群，植物群落，および生態系に及ぼす影響について検討する.

1)　種間競争への影響

病原菌の感染は，宿主植物の種間競争に影響を及ぼす．このことが，三者系を用いたシンプルなポット実験で実証されている（谷口・大園 2011）．まず，オオムギとコムギをそれぞれポットに単植して，同じ条件で栽培すると，46 日目までの初期成長はコムギよりもオオムギのほうが良好であった．次に，この 2 種を 1:1 の割合でポットに混植して栽培した．すると，初期成長の速いオオムギがコムギとの競争に打ち勝ち，67 日目にはオオムギの収量は 1:1 から期待されるよりも大きくなった（図 7-8 の左）.

ところがこの混植系に，オオムギには特異的に感染するが，コムギには感染

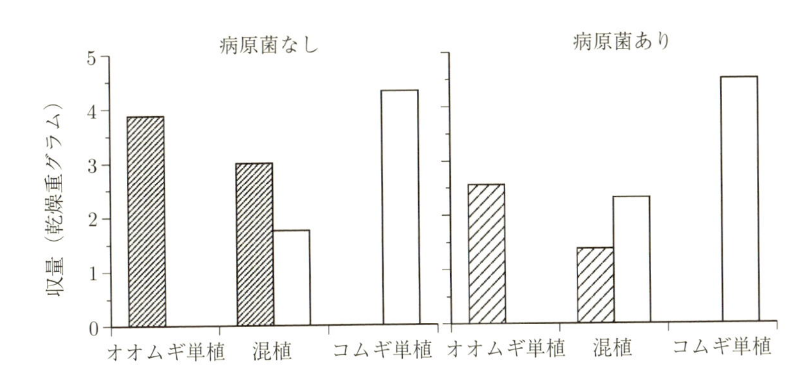

図 7-8　オオムギに感染するうどんこ病菌の存在が，オオムギとコムギの競争に及ぼす影響．オオムギとコムギを単独でポットに植栽した場合と，1：1 で混植した場合のそれぞれで 67 日間栽培したときの，オオムギとコムギの収量．病原菌が存在しない条件下（左）では，混植すると初期成長の速いオオムギの収量がコムギより大きくなる．しかし，オオムギに特異的な病原菌が存在すると（右），両者の競争関係が逆転してコムギの収量のほうが大きくなった．Burdon and Chilvers（1977）より作図.

しないうどんこ病菌 *Blumeria graminis* を加えたところ，2種の競争関係は逆転した．宿主特異的なうどんこ病菌により，オオムギの成長が抑制された．その結果，オオムギの競争力が弱まり，混植すると67日目にはコムギの収量のほうが多くなった（図7-8の右）．

この結果を，複数の植物種からなる自然群落に拡張して考察してみる．病原菌の感染は，宿主個体の成長量や繁殖量にマイナスの影響を及ぼし，場合によっては死に至らしめる．個体レベルでの成長低下や枯死は，感染率の増加にともない，宿主植物の個体群レベルでの成長率の鈍化や，死亡率の増加につながる．その結果，宿主となる植物種と，宿主でない植物種との種間競争が変化する．ひいては，植物群落の種数や種組成にも波及的に変化を引き起こすことになる．

2)　ヤンセン–コンネル効果

自然条件下で，病原菌が植物の種数や種組成に実際に影響することが確かめられている．その代表的な例が，**ヤンセン–コンネル効果**（Janzen-Connell effect）である．ヤンセン–コンネル効果という名称は，提唱者である二人の研究者の名前にちなんで付けられた．

ヤンセン–コンネル効果ではまず，種子は親木の近くほど多く散布されるので，実生は親木の近くほど多い（図7-9）．ところが，実生が高密度で生育すると，病害が拡大する危険性が高くなる（7-2節を参照）．宿主特異的な病原菌に

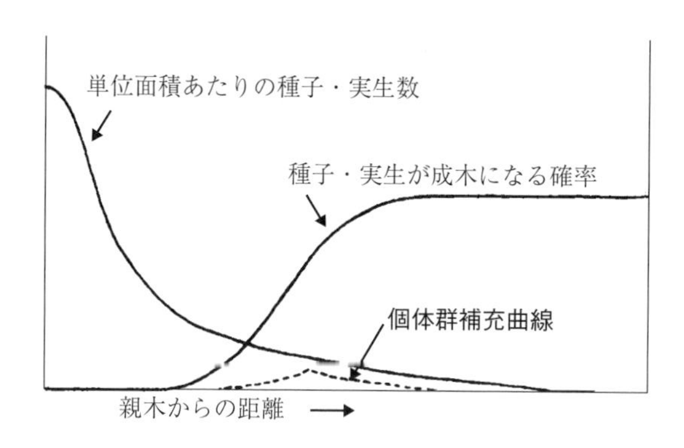

図7-9　ヤンセン–コンネル効果．今埜・清和（2011）より．

より，親木の周辺では樹木の芽生え（実生）が消失する．

その結果，親木の近くほど，宿主樹種の密度が逆に低い空間が生じる．この空間に，感受性の低い他の樹種が定着して更新することで，やがては樹種が置き換わっていく．こうして単一の樹種からなる森林の発達が妨げられることで，樹種の共存と種多様性が促されることになる．

3) 被害林分の動態

ヤンセン–コンネル効果が予測する樹種の更新のパターンが，病原菌が現実に猛威をふるった森林で確認されている．いくつかの病原菌による被害林の長期的な観測により，樹木の種数や種組成が，実際に変化したことが示されてきた．ここでは，世界三大樹病の1つであるクリ胴枯病の事例を紹介しよう（大園 2011）．クリ胴枯病は，子嚢菌類のクリフォネクトリア・パラシチカ *Cryphonectria parasitica* がクリの枝や幹に癌腫（がんしゅ）を形成し，形成層が壊死することで個体を死に至らしめる樹病である．

この病原菌は，20 世紀初頭にアジアから北米大陸に侵入すると，大陸東部のアパラチア山麓で優占していたアメリカグリに壊滅的な被害を引き起こした．かつて単独で優占していたアメリカグリが消失することで，空き地（ギャップ）が多数形成されたが，このギャップには，病害の発生以前には少数派であったコナラ属，カエデ属の樹木やユリノキなどが定着した．その結果，病害発生から約 60 年後には，森林樹木の多様性が増加していた．

このクリ胴枯病の例が示すように，病原菌は台風や火災などと同様に，森林の更新を促し，森林の多様性を維持する撹乱要因の1つとして，生態系の中で重要な役割を担っているといえる．

さらに勉強したい人のために

- マイケル・ベゴンら（2013）寄生と病気（第 12 章）．生態学 原著第四版（堀道雄監訳），京都大学学術出版会．
- 服部力（2014）樹木・木材の腐朽（7.2 節）．菌類の生物学—分類・系統・生態・環境・利用（日本菌学会編），共立出版．

- 稲葉重樹・松井宏樹・鏡味麻衣子（2011）鞭毛菌類の多様性と生態系機能（第 5 章）．微生物の生態学（大園享司・鏡味麻衣子編），共立出版．
- 今埜実希・清和研二（2011）Janzen-Connell モデルの成立要因の検討．日本生態学会誌 **61**: 319–328
- 梶村恒・佐藤大樹・升屋勇人訳（2007）昆虫と菌類の関係—その生態と進化—．F.E. Vega, M. Blackwell 編，共立出版．
- 川端善一郎ほか編（2016）感染症の生態学，共立出版．
- デイビッド・ムアら（2016）植物病原菌としての菌類（第 14 章），動物（ヒトを含む）病原菌としての菌類（第 16 章）．現代菌類学大鑑（堀越孝雄他訳），共立出版．
- 小野義隆（2014）植物病原菌（7.3 節）．菌類の生物学—分類・系統・生態・環境・利用（日本菌学会編），共立出版．
- 大園享司（2011）病原菌との相互作用が作り出す森林の種多様性．日本生態学会誌 **61**: 297–309
- 大園享司（2015）生態系の遷移（第 3 章）．カナディアンロッキー: 山岳生態学のすすめ，京都大学学術出版会．
- 谷口武士・大園享司（2011）共生菌・病原菌との相互作用が作り出す植物の種多様性（第 7 章）．微生物の生態学（大園享司・鏡味麻衣子編），共立出版．

理解度チェッククイズ

7-1　病原菌は吸器により宿主細胞から栄養を得る．吸器の形態にみられる適応的な意義について説明せよ．

7-2　病原菌の感染は，それ自体，病原菌と宿主植物とのあいだの個体レベルでの相互作用であるが，この個体レベルでの相互作用が，群落レベルでの植物の種数や種組成にまで波及する．どのように波及するのかについて，「個体群」と「群集（あるいは，群落）」の語を用いて説明せよ．

BOX7-1　島の生物地理学

生態学の一分野に，島の生物地理学がある．島の生物地理学は，R.H. マッカーサーと E.O. ウィルソンが 1967 年に発表した理論である．

島における生物の種の数は，生物の供給源となる大陸や他の島からのランダムな移入と定着にともない増加する．一方で，生物の種数は，島にいる生物種のランダムな絶滅により減少する．島の生物種数は，この増加と減少のバランスにより動的に決定される，というのが，この理論の基礎である．

この島の生物地理学の理論は，海洋島での鳥や昆虫を対象として実証されている．海洋島は，過去に一度も大陸と陸続きになったことのない島である．大陸から切り離されて島になったのではなく，サンゴの隆起や海底火山の噴火により形成された島である．ハワイ諸島やガラパゴス諸島，日本では小笠原諸島が，海洋島の例である．

島の生物地理学は，現実の島を対象に理論構築がなされたが，島と類似するパッチ状に分布する住み場所にも適用可能である．例として，山脈に連なる山頂部などの島状の孤立した住み場所や，平坦地でも何らかの理由により分断され断続的に分布する住み場所，あるいは病原菌にとっての宿主個体（7-2 節を参照）が挙げられる．

BOX7-2　大規模植林地の病原菌見聞録

アジアの発酵食品テンペを食べたり，イスラム教徒の断食を目の当たりにしたり，立っていられないほどの大地震に遭遇したり．見渡す限りの大規模造林を見るのも生まれて初めてで，初めてづくしのインドネシア滞在は思い出深い経験になった．

2007 年 9 月，インドネシア，スマトラ島南部のパレンバン近郊にあるアカシア大規模造林地での野外調査に参加した．調査地は南緯 3～5 度に位置し，年平均気温は 29 ℃の熱帯気候である．年降水量は 1,890～3,330mm と年により変動するが，例年 10 月から 6 月が雨季，7 月から 9 月が乾季となるモンスーン気候下にある．調査時は乾季だったが，3 日に一度は軽い雨に見舞われた．

調査地周辺では昔から焼畑が行われていたが，1960 年代の商業伐採の活発化が引き金となって住民による頻繁な火入れや略奪的な土地利用が進み，一面のチガヤ草原となった．1970 年代にはインドネシア政府がアカシア，ユーカリ，マツの植林を始めたが，頻繁な火入れの影響であまりうまく育たなかった．その後，1980 年代に民間企業が同地での造林事業を担うことになったが，オーストラリアとニューギニアに天然分布するマメ科樹木のマンギウムアカシアの定着と成長が良好であることがわかり，その大規模造林（広大な面積にわたる単一樹種からなる人工林の造成）が進められた．現在では，アカシア植林地が 6 年伐期で経営されており，一部の造林地は 3 回目のローテーションに入っている．伐採されたアカシア原木は植林地周辺の工場でパルプとなり，世界各国に輸出されている．

インドネシアは今回が初めての訪問であり，人々の暮らしの様子，食べ物，森林，落ち葉，そして菌類の様子を興味深く見聞きしてきた．なかでも印象深かったのは，造林地で深刻化している根株腐朽菌である．

この造林地では根株腐朽菌によるアカシアの枯損被害が急速に拡大している．病原菌としてマンネンタケ属（図 7-10），スルメタケ属 *Rigidoporus*，キコブタケ属 *Phellinus* の担子菌類が認識されている．これらの菌類は根株に感染して根の吸水機能を阻害し，ついには個体を死に至らしめる．枯死木の地際，幹から直接分岐している太根を観察すると，病原菌の菌糸束や，病原菌による根株の腐朽を認めることができる．根株の腐朽により，枯死前に風倒することもある．感染はふつう植栽後 4～6 ヶ月目に始まり，子実体の発生は植栽後 2～3 年目に認められる．枯死に至っていない樹木個体上で子実体が形成される場合もある．

通常，林地において被害は同心円状に拡大していく．その中心にあって，最初に感染を受けて枯死した樹木個体の位置は感染中心（disease center）とよばれる．病原菌は感染個体の根との接触により周辺個体の根へと感染していく．このため，感染枯死個体の範囲は徐々に拡大し，直径 5～10 メートルあるいはそれ以上になる場合も見られる．

図 7-10　マンギウムアカシアの幹に発生したマンネンタケ属 *Ganoderma* の根株腐朽菌の子実体.

罹病木でもパルプの原料として使えると判断された場合は工場に運ばれるが，使えないものは林床に放置される．いずれの場合でも，罹病個体の切り株は林地に残されており，これが次期の植栽木への主要な感染源となるようだ．被害林分では，罹病木の切り株だけでなく，伐倒した幹や枝上でマンネンタケ属菌の子実体を頻繁に観察できる．同じ林分の離れた場所や，他の林分へは，主にこれらの子実体から放出される胞子によって分散すると考えられている．広大な植林地のいたるところで，根株腐朽菌による被害が認められている．

このような根株腐朽菌による被害拡大に対して，いくつかの対策が進められている．その１つが，拮抗菌を用いた防除である．土壌や根から分離し，培養条件下で病原菌に対して拮抗作用を示したカビを使って病原菌の感染を防ぐ試みがなされている．拮抗菌として，グリオクラディウム属 *Gliocladium*, ゴナトロディエラ属 *Gonatorrhodiella*, トリコデルマ属 *Trichoderma*, およびコウジカビ属の菌類が用いられている．植栽は苗畑で育てたポット苗により行われるが，このポット苗に拮抗菌を接種し，その苗を被害林分に植栽することで，病原菌の感染を遅らせることができるという結果が得られているという．これ以外にも，殺菌剤の施与や，感受性の低い代替樹種の検討が進められている．

根株腐朽菌による被害は，アカシア植林を開始した当時の第1回目ローテーションよりも2回目のローテーションで大きく，また2回目よりも3回目のローテーションで大きいといったように，ローテーションを重ねるごとに甚大になっている．現在，一部の植林地が3回目のローテーションに入っており，根株腐朽による今後ますますの素材生産量の低下が懸念されている．安価で効果的で，かつ速効性のある対処法が求められている．

第8章

分解菌

分解菌は，生物の遺体を食物かつ住み場所として利用する菌類を指す．分解菌が利用する基物，つまり生物遺体には，動物の遺体や，落葉や木材などの植物遺体などが含まれる．分解菌はこれら有機物の無機化を担い，生態系の物質循環において不可欠の役割を担っている．

本章では，落葉の分解菌を主な対象として，分解菌の多様性についてまずまとめる．次に，分解菌の生態について，分解機能と生態遷移，および分解プロセスにおける役割の3つの側面から紹介する．

8-1 分解菌の多様性

分解は，生態系において菌類が担うユニークな働きの1つである．分解を担う菌類は分解菌としてまとめられ，生物の死体を利用する生活形式の点からは腐生菌とよばれる（BOX1-1 を参照）．利用する基物，分類群，生殖器官の大きさ，定着領域（コロニー）の大きさ，および宿主特異性に注目して，分解菌の多様性を概観する．

1) 基物による区分

分解菌は，生物の遺体を食物かつ住み場所として利用する菌類を指す．分解菌が利用する基物，つまり生物遺体には，動物の遺体や，落葉や木材といった植物遺体などが含まれる（大園 2018）．それらはまとめて**リター**（litter）とよばれる．リターは英語で，「ゴミ」を意味する．

リターを構成するセルロースやタンパク質などのさまざまな有機物が，菌類

図8-1　担子菌類に属する代表的な落葉分解菌の子実体．クヌギタケ属 *Mycena* (a)，ホウライタケ属 *Marasmius* (b)，モリノカレバタケ属 *Gymnopus* (c)，カヤタケ属 *Clitocybe* (d)．(b) は広瀬大氏提供．

の基質となる．菌類は，菌糸の先端から**細胞外酵素**（extracellular enzymes）を放出する（3-4 節を参照）．基質は細胞外酵素の働きにより低分子化されたのち，菌糸に吸収され，最終的には水と二酸化炭素にまで分解される．

菌類は多様なリターを資源として利用し，生活を営んでいるが，生態系では特に，植物由来の落葉，木材，および根が量的に多いため重要である．それらを基物として利用する菌類はそれぞれ，**落葉分解菌**（leaf litter decomposing fungi），**木材腐朽菌**（wood decay fungi），**根分解菌**（root decomposing fungi）とよばれる．

2)　分類群と生殖器官の大きさによる区分

分解菌の分類群は多岐にわたり，担子菌門，子嚢菌門，ケカビ亜門，ツボカ

図 8-2　子嚢菌類に属する代表的な落葉分解菌の子実体．クロサイワイタケ属 *Xylaria*（a），ココミケス属 *Coccomyces*（b）．タブノキ落葉上の小黒点が，ココミケス属菌の子実体．

ビ門などが含まれる．落葉分解菌の代表的な例には，担子菌門ハラタケ目キシメジ科のクヌギタケ属，ホウライタケ属，モリノカレバタケ属，カヤタケ属などがある（図 8-1）．子嚢菌門では，クロサイワイタケ科やリチズマ科で，活発な分解活性を有する種がみられる（図 8-2）．

分解菌は，生殖器官が肉眼で観察可能かどうかにより，大型菌類と微小菌類に区分される（1-1 節を参照）．大型菌類は主に担子菌類であるが，子嚢菌類の一部も含まれる．大型菌類の有性生殖器官は「きのこ」とよばれ，サイズは一般に数ミリメートルより大きい．微小菌類は主に子嚢菌類とケカビ類などが含まれ，子実体の観察には顕微鏡が必要である．

図 8-3　菌輪（フェアリーリング）.

3)　定着領域（コロニー）の大きさに基づく区分

栄養器官である菌糸体の定着領域は，**コロニー**（colony）とよばれる．落葉分解菌では，コロニーの発達が2つのレベルの空間スケールで認められる．1つ目は，**コンポーネント制限**（component-restricted）である（図 8-1c，図 8-2）．微小菌類の多くと大型菌類の一部では，コロニーの発達が，1枚の落葉や1本の丸太のレベルで認められる．このため，コロニーの大きさは，構成要素（コンポーネント）となる基物の物理的なサイズにより制限される．

2つ目は，**コンポーネント無制限**（component-unrestricted）である（図 8-1d）．例えば，多くの大型菌類は菌糸体が多年生であり，個々の落葉ではなく，複数の落葉や小枝などを含む有機物層全体を住み場所としている．このため，これらの菌類では，コロニーの大きさは，構成要素となる基物の物理的なサイズには制限されない．子実体が**菌輪**（フェアリーリング，fairy ring）となって発生する大型菌類（図 8-3）のコロニーは，コンポーネント無制限の例である．

4)　宿主特異性に基づく区分

分解菌には，ブナ林に特異的な菌類や，アカマツ落葉に特異的な菌類といったように，特定の宿主の基物に選好性を示すものがいる（徳増 2006）．このような菌類は，**宿主特異性**（host specificity）が高いという．コナラの落葉やブナ属の落葉といったように，植物の種や属のレベルで特異性を示す場合もあれば，針葉樹か広葉樹かといったように高次分類群のレベルで特異性がみられる場合もある．逆に，針葉樹林と広葉樹林の両方でみられるといったように，宿主特異性の低い分解菌も多い．

8-2　分解機能

1)　細胞外酵素による基質の分解

落葉や木材などの植物リターは，分解しやすさの異なるさまざまな有機物からなる（表 8-1）．セルロースとリグニンは難分解性（recalcitrant）で，植物リターの構造を形づくる高分子の有機化合物である（図 8-4）．両者あわせて落葉重量の 6～8 割，木材の重量の 9 割近くを占めており，地球上で量的にもっとも多い有機物である．このほか，単糖類やデンプンなどの易分解性（readily decomposable）の炭水化物や，キチンやメラニンといった菌糸の細胞壁に由来する有機物，分解の過程で二次的に合成された腐植酸などが，分解菌の基質となる．

これらの有機物は，菌糸の先端付近から分泌される細胞外酵素の働きで低分子化される（表 8-1）．特定の基質の分解には，特定の細胞外酵素が関与するのが一般的である．ただし，1 種類の酵素が 1 種類の基質を触媒するという単純な反応系ではない．ある基質の分解には，複数の酵素からなる酵素系（enzyme system）が関わっている．

セルロースの分解には，**セルラーゼ**（cellulase）とよばれる一群の酵素が関わる．リグニンの分解酵素は**リグニナーゼ**（ligninase）と総称され，リグニンペルオキシダーゼ，マンガンペルオキシダーゼ，ラッカーゼなどが知られる．リグニナーゼ活性を有する生物は，特定の菌類の系統に限定されている．このため，リグニンの分解パターンは，リターに含まれるリグニンの含有量だけでなく，リグニナーゼ活性を有する菌類が定着するか否かにより決定される．

植物細胞壁では，リグニンがセルロースを保護するように結合している．こ

表 8-1　植物リターを構成する有機物とその分解に関わる細胞外酵素と菌類．大園（2014）より．

分解プロセス	基質	酵素	主な利用者
比較的同化しやすい基質（環境での存続性は低～比較的高）			
デンプン分解	デンプン	アミラーゼ	広範な分類群の菌類
ヘミセルロース分解	キシラン	エキソキシラナーゼ	広範な分類群の菌類
		エンドキシラナーゼ	
	キシロビオース	β-キシロシダーゼ	
ペクチン分解	ペクチン	ペクチナーゼ	広範な分類群の菌類
比較的同化しにくい基質（存続性は高～極めて高）			
セルロース分解	セルロース	エキソセルラーゼ	多くの子嚢菌類と担子菌類
		エンドセルラーゼ	
	セロビオース	β-グルコシダーゼ	
リグニン分解	リグニン，フェノール類	ラッカーゼ	一部の子嚢菌類と担子菌類
		マンガンペルオキシダーゼ	
		リグニンペルオキシダーゼ	

れを木化（リグニン化，lignification）とよぶ．リグニン化したセルロースは**リグノセルロース**（lignocellulose）とよばれる．リグニン化したセルロースにはセルラーゼが作用しないため，リグノセルロースの分解に際して，まずリグニンの除去，すなわち**脱リグニン**（delignification）が必要である．

細胞外酵素の働きにより，有機物が低分子化されるとともに，低分子化した有機物が菌糸に吸収され，菌糸内でさらに水と二酸化炭素にまで異化される．同時に，酵素の働きで腐植物質が二次的に合成される場合もある．これらさまざまなプロセスは，まとめて**分解**（decomposition）とよばれる．分解とは，菌類の分泌する細胞外酵素の働きにより，落葉を構成する有機物が変質し，一時的には土壌に蓄積しつつも最終的には無機化されるプロセスといえる．

2)　種レベルでの分解機能

ある1種の菌類が，天然に存在する多様な有機物を分解する酵素をすべて生

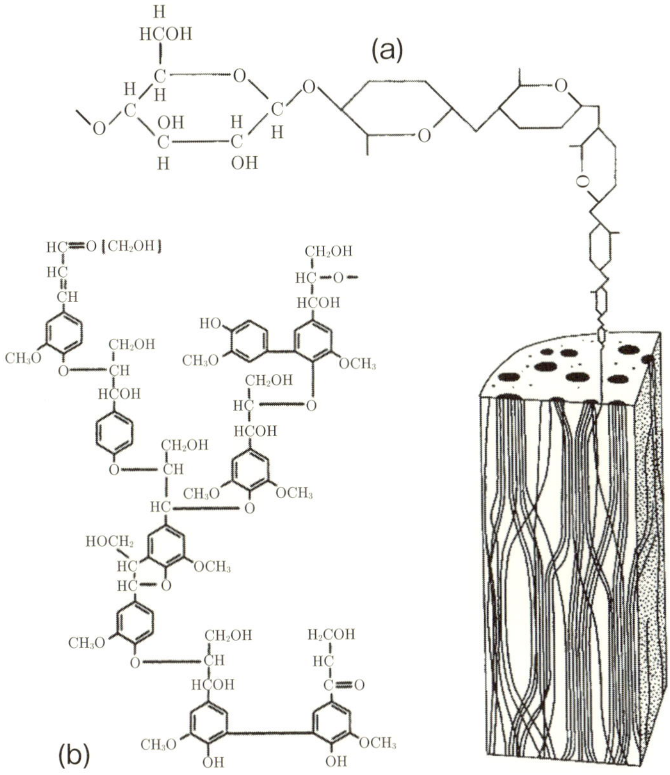

図 8-4 セルロース（a）とリグニン（b）の化学構造．セルロースは，グルコースが β-1,4 結合により直鎖状に重合化した高分子の多糖類である．リグニンは，クマリルアルコール，コニフェリルアルコール，シナピルアルコールの 3 種類のフェニルプロパノイドが，炭素-炭素結合やエーテル結合でランダムに重縮合して形成された複雑な構造をもつ芳香族高分子化合物であり，図中ではその構造の一部を示す．広瀬・大園（2011）より作図．

産できるわけではない．菌類の種ごとに，生産する酵素の種類や量が異なっている（表 8-1）．同化しやすい単糖類や有機酸，脂肪酸といった基質は，ほとんどの菌類が利用するが，難分解性のセルロースやリグニンの分解に関わる酵素は，特定の種でのみ見られる．特にリグニナーゼの生産は，一部の担子菌門と，クロサイワイタケ科やリチズマ科の子囊菌門に限定される．

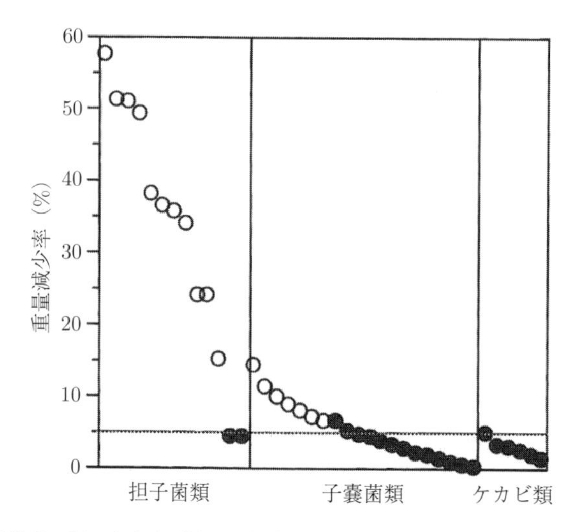

図 8-5　純粋培養系で調べたさまざまな分解菌のブナ落葉の分解力．リグニン分解活性が認められた菌類種を白丸で示した．落葉の重量減少率が 5%（点線）以上であった種のほとんどがリグニン分解活性を示している．Osono and Takeda（2002）より作図．

純粋培養系において，滅菌した落葉に菌株を接種して分解させる実験により，菌類の種ごとの潜在的な分解活性が定量的に評価されてきた（図 8-5）．その結果から，分解菌は，リグニン分解活性を有する**リグニン分解菌**（ligninolytic fungi），セルロース分解活性を有する**セルロース分解菌**（cellulolytic fungi），およびこれら構造性有機物の分解力をもたず，易分解性の糖類に菌糸成長を依存する**糖依存菌**（sugar fungi）に区分される．

リグニン分解菌はリグニンだけでなく，セルロースやヘミセルロースを同時に分解する必要がある．セルロースとヘミセルロースをあわせてホロセルロース（holocellulose）という．ホロセルロースが，難分解性のリグニンを分解するときのエネルギー源に用いられるためである．一定のホロセルロースの消費に対して，リグニンをどれくらい効率的に除去する能力を有しているかで，リグニン分解菌はさらに，3 群に区分される．ホロセルロースよりもリグニンを選択的に分解する選択的リグニン分解菌類，リグニン・ホロセルロースを等比率で分解する同時分解菌類，そして選択的セルロース分解菌類，である．例えば，ダケカンバ落葉を基物に用いた分解試験により，亜高山帯林に出現するさ

表 8-2　亜高山帯林の分解菌によるリグニンとホロセルロースの分解とリグノセルロース利用効率（Osono and Takeda 2006, Osono 2015d）.

種名	分類群	重量減少率（初期重量に対する%）[1]		リグノセルロース利用効率[2]
		リグニン	ホロセルロース	
選択的リグニン分解菌類				
オウバイタケ	担子菌類	29.7	6.6	4.5
ナメアシタケ	担子菌類	46.5	16.2	2.9
モリノカレバタケ	担子菌類	72.8	27.7	2.6
リグニン・セルロース同時分解菌類				
エセオリミキ	担子菌類	28.9	33.3	0.9
センボンイチメガサ	担子菌類	20.7	26.7	0.8
アシナガタケ	担子菌類	38.3	66.8	0.6
カワラタケ	担子菌類	30.9	60.9	0.5
選択的セルロース分解菌類				
キシメジ科の１種	担子菌類	2.2	7.6	0.3
ゲニキュロスポリウム属の１種	子囊菌類	5.9	40.4	0.2
トリコデルマ・ビリデ	子囊菌類	1.5	11.0	0.1
アイカワタケ	担子菌類	1.5	38.0	0.0
ディスコシア・アトロクレアス	子囊菌類	−0.8	33.8	0.0
ペスタロチオプシス・ネグレクタ	子囊菌類	0.1	20.3	0.0

1) 分離菌株を滅菌したダケカンバ落葉に接種し，20 ℃で 12 週間培養したあとの各成分の重量変化を示す.
2) リグノセルロース利用効率＝リグニンの重量減少率/ホロセルロースの重量減少率.

まざまな菌類は，これら３群のいずれかに区分された（表 8-2）.

リグニンは褐色の物質であり，セルロースは白色の物質である．このため，選択的な脱リグニンを受けた落葉や木材では，セルロースが残存して白色化する．このような分解の様式を，落葉では**漂白**（bleaching），木材では**白色腐朽**（white rot）とよぶ（図 8-6）．一方，セルロースが選択的に分解されるとリグニンが残存し，基物は褐色化する．これを木材では，**褐色腐朽**（brown rot）とよぶ.

菌類によるリグニンとセルロースの分解機能を示す指標として，**リグノセル**

図 8-6　漂白を受けた落葉の例．バーは 1 センチメートル．沖縄本島北部の亜熱帯広葉樹林（やんばるの森）にて採取．スダジイ（a），イスノキ（b），イジュ（c），シバニッケイ（d），ヤブツバキ（e），ナギ（f），オキナワウラジロガシ（g）．タブノキは図 8-2b に示す．Osono（2016）より作図．

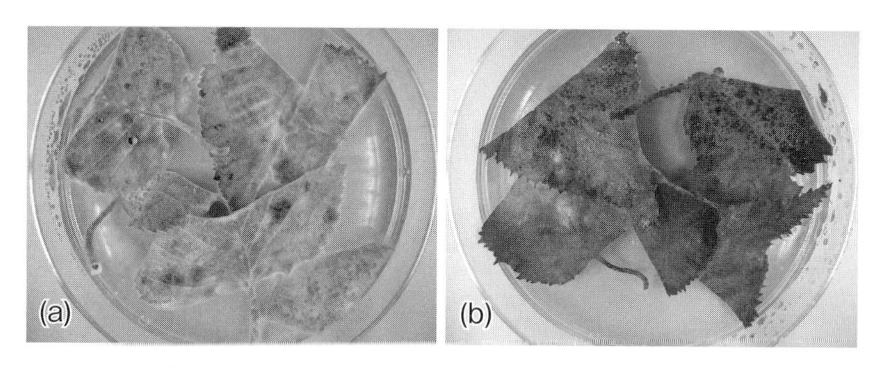

図 8-7　分離菌株を接種して培養したあとのダケカンバ落葉の様子．白色腐朽菌（a）：ナメアシタケ *Mycena epipterygia*（リグノセルロース利用効率 = 2.9）．褐色腐朽菌（b）：キシメジ科 Tricholomataceae の 1 種（リグノセルロース利用効率 = 0.3）．

ロース利用効率（lignocellulose utilization efficiency, LUE）が提案された．ある培養期間における，セルロースの分解量（あるいは分解率）に対するリグニンの分解量（あるいは分解率）の比で表される．リグノセルロース利用効率は，菌類の種や分類群により大きく異なる（表 8-2）．リグノセルロース利用効率の高い菌類が白色腐朽菌，低い菌類が褐色腐朽菌といえる（図 8-7）．

8-3 生態遷移

1) 菌類遷移

生物群集を構成する種の組成や相対量，空間パターンが時間的に変化することを**遷移**という．例えば，植生遷移は，裸地から草原へ，そして森林へと，時間にともなって植生が変化する現象である．遷移は，分解菌をはじめとする菌類群集においても認められており，**菌類遷移**（fungal succession）とよばれる．菌類遷移は，「同一の定着場所において，その場所を占有する菌類の種の組成や相対量が時間的に変化すること」と定義される．

菌類遷移はさらに，系列遷移と基物遷移に大別される．**系列遷移**（seral succession）は，植生の遷移にともなって認められる菌類の遷移である．**基物遷移**（substratum succession）は，落葉や木材などの基物の分解にともなって認められる遷移である．

菌類の系列遷移は，氷河後退域における一次遷移や，森林伐採後にみられる二次遷移などにおいて実証されている．カナダ西岸部の海岸林では，皆伐林から原生林に至る森林の二次遷移系列で，林床に生息する菌類の種組成が林齢にともなって変化することが報告されている（図 8-8）．

分解菌の基物遷移は，温帯林の多様な広葉樹や針葉樹の落葉を材料として，詳しく調べられてきた．落葉の分解は，分解機能の異なる菌類が次々と落葉に定着することで進行する．落葉の分解にともなう菌類遷移では，樹種や地域によらず共通するパターンが認められている（図 8-9）．

菌類の葉への定着は，樹上の生葉からすでに始まっている．生葉の菌類は**葉圏菌類**（phyllopshere fungi）とよばれ，葉の表面に存在する葉面菌と，葉の組織内部に存在する内生菌に大別される（5-1 節を参照）．これら葉圏菌類の一部

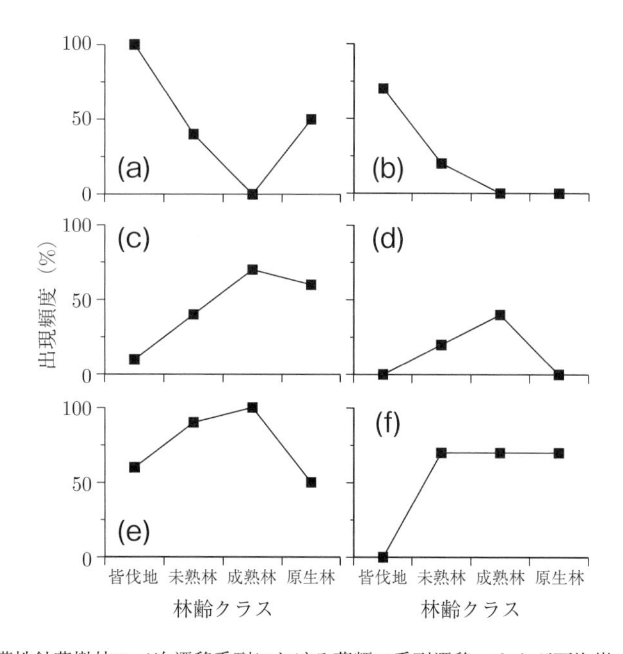

図 8-8　温帯性針葉樹林の二次遷移系列における菌類の系列遷移．カナダ西海岸のダグラスモミ林の林床におけるコケ層生息菌類のデータ．林齢は，皆伐地が 11 年生，未熟林が 50 年生，成熟林が 101 年生，原生林が 324 年生．トリコデルマ・ビリデ *Trichoderma viride*（a），ペニシリウム・ミクチンスキ *Penicillium miczynskii*（b），レカニシリウム・サリオータ *Lecanicillium psalliotae*（c），ペニシリウム・キトリヌム *Penicillium citrinum*（d），トリコデルマ・ポリスポールム *Trichoderma polysporum*（e），ペニシリウム・グラブルム *Penicillium glabrum*（f）．Osono and Trofymow（2012）より作図．

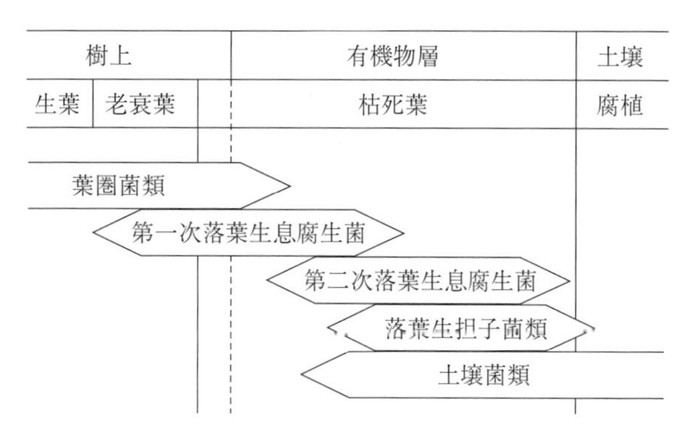

図 8-9　落葉上の菌類遷移の模式図．大園（2014）より作図．

が，葉の老衰・枯死後も存続し，落葉の初期定着者となる（Osono 2006）．葉の老衰時に定着し，そのまま落葉に存続するものは，第一次落葉生息腐生菌とよばれる．

葉圏菌類や第一次落葉生息腐生菌の多くは，糖依存菌である．枯死直後の落葉には，易分解性の糖類が多く含まれる．糖依存菌は，それらの基質を利用して素早く成長することができる．糖依存菌は，易分解性糖類の枯渇にともなって，速やかに落葉から姿を消す．

次に落葉に定着するのが，第二次落葉生息腐生菌である．第二次落葉生息腐生菌には，落葉の構造性有機物であるセルロースを利用できる種が含まれる．さらに分解が進むと，強力なリグニン分解活性を有する担子菌類や，その分解産物を二次的に利用する土壌菌類の出現が認められるようになる．

地域や落葉の樹種によらず，菌類遷移の基本的なパターンは類似していることが確かめられているが，分解が速い落葉ほど，菌類遷移のスピード，すなわち種の置き換わり（11-1 節を参照）は速い．このため，同じ気候帯の落葉で比較すると，難分解性であるリグニンの含有率が低い落葉ほど分解が速く，菌類遷移の進行も速い（大園 2007）．また，温帯と熱帯で比較すると，一般に落葉分解は熱帯のほうが速く，このため菌類遷移も熱帯で比較的速く進行する傾向がみられる．

2)　菌類遷移のメカニズム

菌類遷移は，菌糸間にみられる種間の相互作用により引き起こされる．菌糸間の相互作用は，競争的（competitive），中立的（neutralistic），相利共生的（mutualistic）の 3 タイプに大別される（図 8-10）．このうち，もっとも頻繁に観察されるのが，競争的な相互作用である．**競争**（competition）とは，同種ないし異種の生物個体が，同じ資源を積極的に要求し消費することで，競争相手に対して負の影響を与える相互作用を指す．

菌糸の場合，競争はさらに，一次的資源獲得と闘争に区分される．**一次的資源獲得**（primary resource capture）は，他種に先駆けて未占有の資源に定着する資源獲得競争を指す．この場合の資源は，定着場所（基物）とそこに含まれる基質である．一次的資源獲得には，菌類の効率的な分散，胞子発芽，菌糸成長

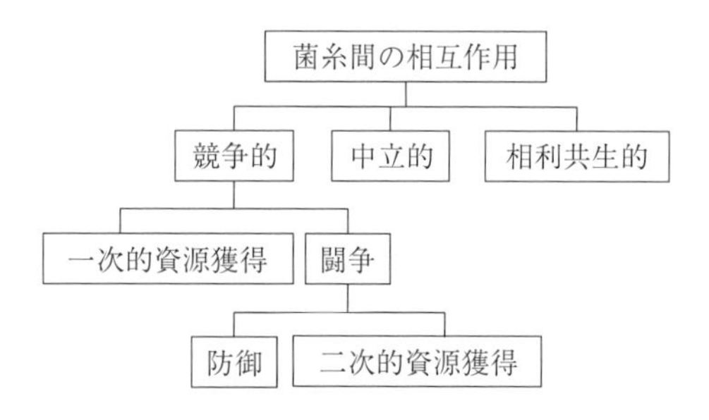

図 8-10　菌糸間の相互作用．武田・大園（2003）より作図．

などの特性が関わる．**闘争**（combat）は，他種の菌糸体と接触したときの振る舞いを指し，生態学で一般に用いられる干渉競争（interference competition）と同義である．

この闘争はさらに，防御と二次的資源獲得に区分される．**防御**（defense）は，菌糸干渉や融解といった接触阻害，あるいは抗生物質の生産により，ある種の菌糸体が占有する領域に他の種の菌糸体が侵入できない相互排除が起こる場合を指す．その際，両者の菌糸体の接触部に，菌糸の黒変にともなう**帯線**（zone line）がしばしば形成される．**二次的資源獲得**（secondary resource capture）は，菌寄生（mycoparasite）や覆い被さり（overgrowth）により，他種が占有する領域に侵入して置き換わる場合を指す．

これらの菌糸間相互作用が菌類遷移に及ぼす役割については，木材腐朽菌を対象とした研究で詳しく実証されている（深澤 2017）．枯死した直後の木材は菌類が未占有の資源であり，いち早く木材に到達して定着できる一次資源獲得に秀でた種が有利である．しかし木材の内部に菌糸が行き渡って，互いの菌糸体が接触するようになってからは，防御や二次的資源獲得に秀でた種が競争的に有利になる．生活史戦略（6-3節を参照）の異なる菌類の遷移が，リター分解の駆動力となるのである．

8-4　分解プロセスにおける菌類の重要性

リター分解には，菌類以外にもさまざまな土壌生物が関わる．**土壌生物**（soil organisms）は，菌類や細菌類などの土壌微生物（soil microorganisms）と，ミミズ，ダニ，トビムシなどの土壌動物（soil animals）を含む．これらの土壌生物には，リターを直接，食物源として利用するものもいれば，他の土壌生物を摂食したり寄生したりして，間接的に分解に影響するものもいる．

リターから始まる生物どうしの食う—食われるの関係は，**腐食連鎖**（detritus food chain）とよばれる．腐食連鎖は，土壌表面に落ちてくる落葉や木材から始まるだけではない．例えば，落葉を利用する微生物を土壌動物が摂食し，その動物の遺体や糞が再び微生物に利用されるといったように，生物間での食物の流れが循環的であることが，腐食連鎖の特徴である．

これまでに，生態系の分解者としての土壌生物の働きが評価されてきた．そのなかで，土壌微生物の一群である菌類の寄与が明らかにされている．個々の土壌生物の働きは，呼吸量，すなわち二酸化炭素の生成量によって定量化できる．

土壌生物全体の呼吸量に占める割合でみると，その80～95%が土壌微生物であり，土壌動物の寄与は5～20%以下と一般に小さい．さらに，土壌微生物のなかで，原核微生物である細菌類と，真核微生物である菌類の相対的な重要性をみると，森林土壌では菌類の寄与のほうが50～80%と大きい（表8-3）．

このように，菌類は土壌分解系における物質代謝の中心的な生物といえる．これには，糸状の菌糸が植物組織の内部への侵入に適した形態であることや，菌類がセルロースやリグニンなどの構造性有機物の主要な分解者であることが関与している．

分解菌は分解作用を通じて，土壌構造の発達や肥沃度に大きく貢献する．例えば，分解菌は，菌糸体を介して土壌から落葉へと窒素化合物を転流することで，土壌中での栄養塩の循環や再分配に関わっている．また，菌糸の暗色化に関わるメラニン（3-2節を参照）と，腐植の主成分である腐植酸との構造的な類似性が指摘されており，土壌有機物の生成にも深く関わっている．

表 8-3　菌類が森林土壌微生物（菌類＋細菌類）の呼吸代謝に占める割合（大園 2003）.

森林タイプ	土壌層位 [1)]	割合（%）
ナラ・シデ林	0〜10 cm	80
ブナ林	L 層	60
	H 層	70
ブナ林	F 層	70
	H 層	63
ブナ林	A 層	57
	A 層	58
	A 層	53
シイ林	L 層	82
マツ林	F 層 +H 層	82
	A 層	62
トウヒ林	L 層	75
	F 層	80
	H 層	67

1）土壌層位は表層から下に向かって，L・F・H・A 層に区分される.

さらに勉強したい人のために

- 深澤遊（2017）キノコとカビの生態学—枯れ木の中は戦国時代．共立出版.
- 深澤遊・大園享司（2011）植物リター分解菌とブナ林の土壌分解系（第 11 章）．微生物の生態学（大園享司・鏡味麻衣子編），共立出版.
- 広瀬大・大園享司訳（2011）菌類の生物学．D.H. Jennings, G. Lysek 著，京都大学学術出版会.
- 大園享司（2003）土壌生物（2.5.4 節）．森林の百科（井上真ら編），朝倉書店.
- 大園享司（2007）冷温帯林における落葉の分解過程と菌類群集．日本生態学会 **57**: 304–318.
- 大園享司（2012）分解（第 16 章）．森のバランス—植物と土壌の相互作用（森林立地学会編），東海大学出版会，pp. 187–196
- 大園享司（2012）熱帯林・亜熱帯林の落ち葉は白く腐る．生き物たちのつづ

れ織り（下）（阿形清和・森哲監修），京都大学学術出版会.
- 大園享司（2014）落葉分解（7.1 節）．菌類の生物学―分類・系統・生態・環境・利用（日本菌学会編），共立出版.
- 大園享司（2018）生き物はどのように土にかえるのか―動植物の死骸をめぐる分解の生物学．ベレ出版.
- 大園享司・武田博清（2006）森林生態系における分解系の働き（第 3 章）．地球環境と生態系―陸域生態系の科学（武田博清・占部城太郎編），共立出版, pp. 96–119
- 武田博清・大園享司（2003）有機物の分解をめぐる微生物と土壌動物の関係（第 4 章）．土壌微生物生態学（掘越孝雄・二井一禎編），朝倉書店.
- 徳増征二 (2006) マツ落葉生息微小菌類の生態に関する研究．日本菌学会会報 **47**: 41–50
- 山下聡・大園享司（2011）熱帯林における菌類の生態と多様性（第 4 章）．微生物の生態学（大園享司・鏡味麻衣子編），共立出版.

理解度チェッククイズ

8-1　ヤブツバキ落葉では，落葉前から存在するリチズマ科内生菌により，分解初期に選択的リグニン分解にともなう漂白が引き起こされる（図 8-6e）．内生菌による分解の初期段階での脱リグニンは，その後の落葉分解や菌類遷移にどのような影響を及ぼすかについて述べよ．

8-2　落葉の初期定着者となる葉圏菌類が分解に果たす役割は，どうすれば定量的に評価できるかについて述べよ．

8-3　分解菌が，われわれ人間の生活環境に及ぼす，プラスとマイナスの側面についてそれぞれ具体例を挙げよ．

BOX8-1　落葉と菌類の生態学

落ち葉の分解を調べている．これがなかなか奥深くて面白い．

ご存知のとおり，スーパーで買ったハクサイの葉っぱはあっというまに腐る．しかし山に生えている樹木の落ち葉は，そう簡単には腐らない．京大芦生研究林のブナの葉だと，3年たってもまだブナだと認識できるくらい形が残っている．いや，「落ち葉が腐る」とはいえ，落ち葉が自分で勝手に腐るわけではない．冷蔵庫のハクサイも，芦生のブナも，目に見えない微生物の働きで腐っていく．山の樹木の落ち葉では，菌類とよばれる微生物が分解の大役を担う．菌類より「かび」や「きのこ」のほうがなじみ深いだろうか．

菌類のからだは菌糸とよばれる直径2マイクロメートル（1ミリメートルの1,000分の2）ほどの糸状の細胞でできている．肉眼ではもちろん見えない．この菌糸が落ち葉に入り込んで，不眠不休の生活を営んでいる．1枚のブナの落ち葉には，5,000メートルもの長さの菌糸が定着する．直線距離で百万遍から京都駅に至る長さだ．ところがその菌糸の重さは，ぜんぶ合わせても落ち葉の重さ全体の1%にも満たない．細長い菌糸が，わずかの重量で効率よく落ち葉の隅々に入り込んでいる．

落ち葉は私たち人間が見れば，平べったい紙きれのようだ．しかしミクロサイズの菌糸の視点から見れば，そうではない．菌糸にとって，落ち葉は京都駅ビルのように複雑な内部構造をもった三次元的な構造物なのである．ブナの葉の断面を観察してみよう．厚さ約120マイクロメートルで，植物の細胞が表皮組織，柵状組織，海綿状組織などとして並んでいる（図8-11）．足下に無数に散らばる落ち葉のそれぞれが，このような完結した世界を作り出している．その中を無数に枝分かれした菌糸のネットワークが縦横に入り込み，生き生きと暮らしている様子をイメージしてほしい．

落ち葉は京都駅ビルと同じように，鉄筋とコンクリートで作られている．もちろんこれはメタファーであり，より正確には次のようになる．植物は空気中の二酸化炭素を材料にして光合成を行い，グルコースを合成する．グルコースはさらにセルロースやリグニンなどとよばれる高分子の有機物へと変換される．これらの炭素を骨格とする高分子の有機物が，鉄筋やコンクリートの役割を果たして葉っぱの構造を作り上げているのだ．

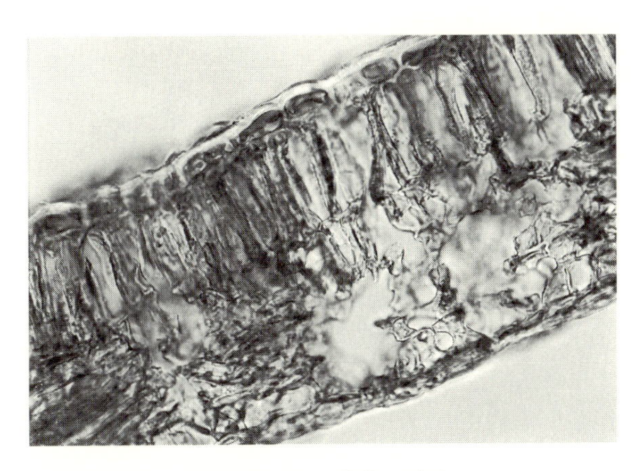

図 8-11　ブナ落葉の断面.

菌糸の暮らしは，この鉄筋コンクリートを酵素の働きで分解するところから始まる．酵素は菌糸の表面から環境中（つまり菌糸の外側）に分泌され，鉄筋コンクリートをバラバラに分解する働きをもつ．例えるなら，京都駅ビルであなたの吐いたツバが空中回廊を溶かすようなものだ．菌糸は菌糸の表面からその分解産物を吸収することで，栄養を手に入れる．この栄養は，菌糸や酵素やきのこを作るのに使われる．菌糸の呼吸にも使われて，二酸化炭素になって大気中に再び放出される．立体構造が分解された落ち葉はボロボロになり，原形を失って土に混ざっていく．

このように落ち葉は，菌糸に「住み場所」と「食べ物」を提供している．そう，落ち葉は菌糸にとって「お菓子の家」なのだ．自然界のヘンゼルとグレーテルは，駅ビルにツバを吐いて鉄筋コンクリートの破片を食べ続けている．これは生存をかけた菌類の闘いであり，生物進化の歴史のなかで連綿と行われてきた活動なのだ．

閑話休題．今日では，人間活動にともなって大気中に放出された温暖化ガスが地球の温暖化を促進しているという．地球の温暖化を抑えるため，科学者は大気中の二酸化炭素をへらす方策に知恵をしぼっている．ここではその裏側にある，目には見えないが忘れてはならない現象に目を向けたい．自然界のアンダーグラウンドでは，植物が葉っぱの有機物として固定した炭素を，菌糸がせっせと二酸化炭素に還元している．菌糸による落ち葉分解のメカニズムの理解を通して，生態系が炭素を貯め込むメカニズムに迫りたい．落ち葉とかび・きのこの生態学が，私たちの暮らしに少しでも役立つ日がくることを夢見ている．

第9章 地衣類

地衣類は，菌類と，光合成生物である微小藻類ないしシアノバクテリアとの共生体である．地衣類は生態系のなかで，構成生物である菌類とも，藻類やシアノバクテリアとも異なる独自の生物として生活を営んでいる．

本章では，地衣類とは何かについて紹介したのち，地衣類の形態と生活様式についてまとめる．それらをふまえて，共生系と生態系の2つの観点からみた地衣類の生態的な特性について述べる．

9-1 地衣類はどのような菌類か

地衣類（lichen）とは，菌類（糸状菌）と，光合成生物である微小藻類ないしシアノバクテリアとの共生体である（Lutzoni and Miadlikowska 2009）．地衣共生にある菌類のことを，**ミコビオント**（mycobiont）とよぶ．共生のパートナーとなる光合成生物を，**フォトビオント**（photobiont）とよぶ．

地衣類がミコビオントとフォトビオントという，異なる分類群の生物の共生体であることは，1867年に明らかにされた．しかし両者の密接な結びつきゆえ，地衣類はごく最近まで単一の生物として扱われることのほうが多かった．

地衣類は，肉眼で観察可能なサイズのミコビオントの子実体の形態に基づいて，種が分類される．ゆえに地衣類は，菌類に分類される．約13,500種の地衣類がこれまでに記載されているが，その大部分（99%）が子嚢菌門に属する．これは，既知の子嚢菌門の20%以上，菌類全体の10%以上の種が，地衣化していることを意味する．残りの地衣類は，担子菌門に属する．日本ではこれまでに，約1,600種の地衣類が報告されている．

子嚢菌門の全37目（order）のうち，地衣類は16目に含まれている．この16目のうち，6目は地衣類のみからなり，残りの10目では地衣化した種と，地衣化していない種が混在している．菌類の系統進化のなかで，地衣化は少なくとも3回以上，独立に起こったと推定されている．また，もともと地衣化していた子嚢菌類の多くが，単独生活を営む生活様式へと進化したことも示唆されている．

有性生殖しないレプラゴケ属 *Lepraria*，ムシゴケ属 *Thamnolia* などの菌類（不完全菌類）が地衣化する場合があり，不完全地衣とよばれる．ただし現在では，不完全菌類というグループは，菌類の分類群として認められていない（BOX2-1を参照）．ムシゴケ属については，子嚢菌類に属する地衣類であることが分子系統解析により示されている（Stenroos and DePriest 1998）．

フォトビオントとして，約100種の生物が知られる．対するミコビオントが1万種を超えることから，多数のミコビオントが少数のフォトビオントを共有していることになる．フォトビオントとして，緑藻類のトレブクシア属 *Trebouxia*，スミレモ属 *Trentepohlia*，シアノバクテリアのネンジュモ属 *Nostoc* などが知られる．どのフォトビオントの種と共生するかは，地衣類の種ごとにほぼ決まっている．

シアノバクテリアと共生した地衣類 *Winfrenatia reticulata* の化石が，デボン紀（約4億年前）の地層であるスコットランドのライニーチャートから出土している．このことは，地衣類が，子嚢菌類の進化の初期から存在していた可能性を示唆している．また，地衣類は，優れた乾燥耐性を有している（9-4節を参照）．水域で生活していた藻類が陸上に進出する上で，地衣化が重要な役割を果たした可能性が指摘されている．

9-2　地衣類の生活様式

1)　成長

地衣類の本体は，**葉状体**（thallus，複数形 thalli）とよばれる．葉状体は，主に菌糸からなる．その形状は種ごとに特徴的であり，痂状（crustose，固着状と

図 9-1　地衣類の葉状体の形状．痂状のチズゴケ属 *Rhizocarpon*（a），葉状のウメノキゴケ *Parmotrema tinctorum*（b），樹枝状のハナゴケ属 *Cladonia*（c）．

もよばれる），葉状（foliose），樹枝状（fruticose）などと区分される（図 9-1）．

葉状体は一般に成長が極めて遅く，非常に長命である．寿命は種や環境条件にもよるが，10 年から 1,000 年というスケールで成長し続けている可能性がある．成長速度は，年間 0.2 ミリから 3 センチメートル程度である（図 9-2）．大陸性南極では，ナンキョクスミイボゴケ *Buellia frigida* の年間成長量が平均 0.0052 ミリメートルという報告がある（Allan Green *et al.* 2012）．成長速度が一定と仮定すると，この地衣類の葉状体の平均年齢は 5,367 年と見積られた．

チズゴケ *Rhizocarpon geographicum* は痂状の地衣類であり，高山や北極に分布する（図 9-1a）．葉状体はやはり長命で，地域や気候条件にもよるが，成長速度は年間 0.05 ミリ〜1 ミリ以下と極めて遅い（Armstrong 2011）．この特徴に注目したのがライケノメトリー（lichenometry）とよばれる相対年代測定法

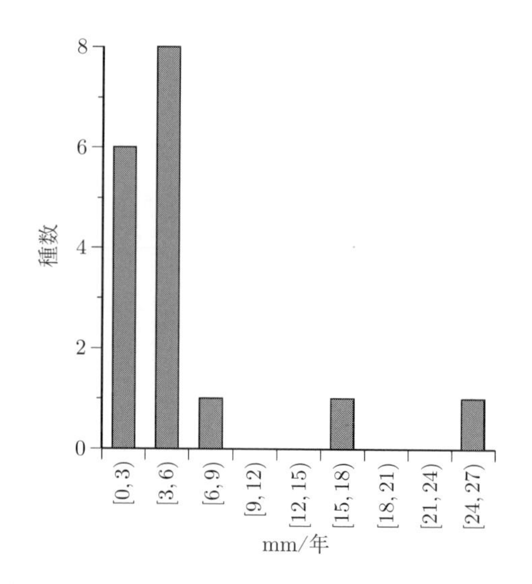

図 9-2　地衣類の葉状体の平均成長速度．Ahmadjian（1993）より作図．

で，岩石が地表に露出していた期間の推定に利用されている．

2)　栄養

地衣類の炭素源は，フォトビオントの光合成産物である．フォトビオントは，空気中の二酸化炭素（CO_2）と葉状体に含まれる水（H_2O）をもとに光合成を行い，グルコースを生成し，副産物として酸素（O_2）を発生する．ミコビオントは，この光合成産物を利用して成長する（9-3 節を参照）．

地衣類に含まれるシアノバクテリアは，空中窒素固定により葉状体に窒素化合物を供給する．いくつかの地衣類では，葉状体の外部あるいは内部に頭状体（cephalodium，複数形 cephalodia）が形成される．頭状体の内部に取り込まれたネンジュモ属のシアノバクテリアが，空中窒素固定を行う．一方，シアノバクテリアと共生しない地衣類は，降水中に含まれる無機態窒素，すなわちアンモニア態窒素や硝酸態窒素を吸収して利用する．人間活動にともなう窒素降下物の増加が，地衣類の成長を促進する可能性が指摘されている．

地衣類はシュウ酸カルシウムなどの有機酸を分泌して，岩石の溶解を進めて無機養分を吸収する．加えて，地衣類の菌糸は岩石の割れ目やすきまに入り込み，物理的な細片化を進める．こうした地衣類の働きは，岩石や母材の物理的・化学的な風化を促し，土壌の形成に寄与する．

3)　繁殖

地衣類は，有性生殖と無性生殖の両方を行う．有性生殖では，子実体（子嚢果，担子器果）が形成される．子嚢果は，**裸子器**（apothecium，複数形 apothecia），**被子器**（perithecium，複数形 perithecia）および**リレラ**（lirella）に区分される（図 9-3）．裸子器では，子実層が裸出している．子実層とは，子実体のなかで胞子を形成する部分を指す．被子器では，子実層がフラスコ型の組織で囲まれており，被子器の上部には胞子が放出される孔口がある．リレラ型では，この孔口が細長い溝状になっている．無性生殖では，**粉芽**（soredium，複数形 soredia）

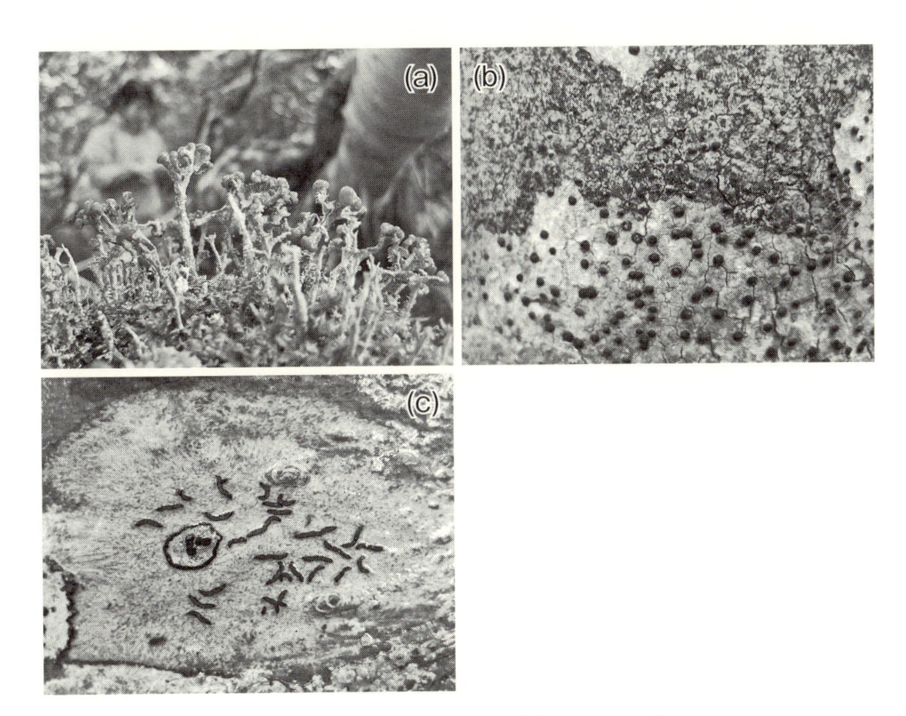

図 9-3　裸子器（a），被子器（b），リレラ（c）．

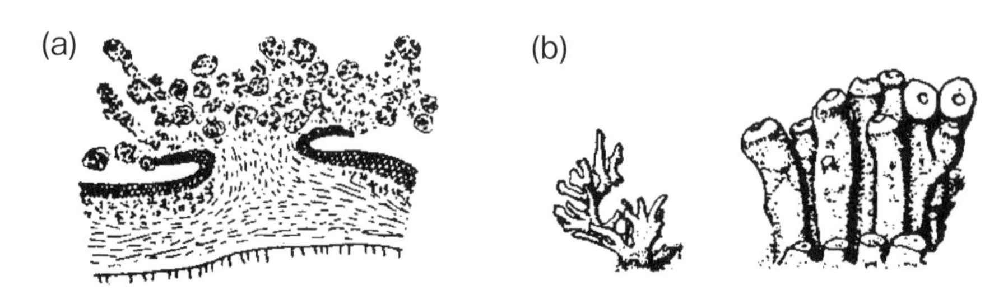

図 9-4　粉芽（a），裂芽（b）．Kendrick（2000）より．

や**裂芽**（isidium，複数形 isidia）が形成される（図 9-4）．

以上のように，地衣類では，さまざまなタイプの葉状体および子実体がみられる．ただし，類似した形態の葉状体や子実体が，地衣類の複数の目や科において共通して認められる．つまり，地衣類の葉状体や子実体は，系統を反映していない表現型の収斂進化（convergent evolution）の一例といえる（Grube and Hawksworth 2007）．

9-3　相利共生系としての地衣類

1）構造

地衣類の断面構造は，葉状体の形状により異なる（図 9-5）．葉状地衣類では，葉状体は紙状で裏表の区別がある．その断面構造は，上側から順に，上皮層，藻類層，髄層，下皮層に区分される．藻類の細胞は，藻類層に分布している．藻類は菌糸により包み込まれていて，吸器とよばれる菌糸と結合している（図 9-6）．髄層では菌糸がゆるやかに絡み合っており，スポンジ状で空隙が多く，ガス交換や水分保持に適した構造といえる．上皮層と下皮層は，保護組織である．痂状地衣類は上皮層，藻類層，髄層からなる．樹枝状地衣類では，葉状体の断面は類円形（oval）であり，皮層と藻類層が同心円状に配列している．

葉状体には，植物の表面にみられるクチクラのような覆いがない．このため，大気の水分条件が変動すれば，葉状体はその影響を直接的に受けることになる．乾燥状態が続けば，葉状体は脱水して生理的な活性を失う．反面，雨や霧があればすぐに吸水して，太陽光を受けて素早く光合成を再開できる利点がある．

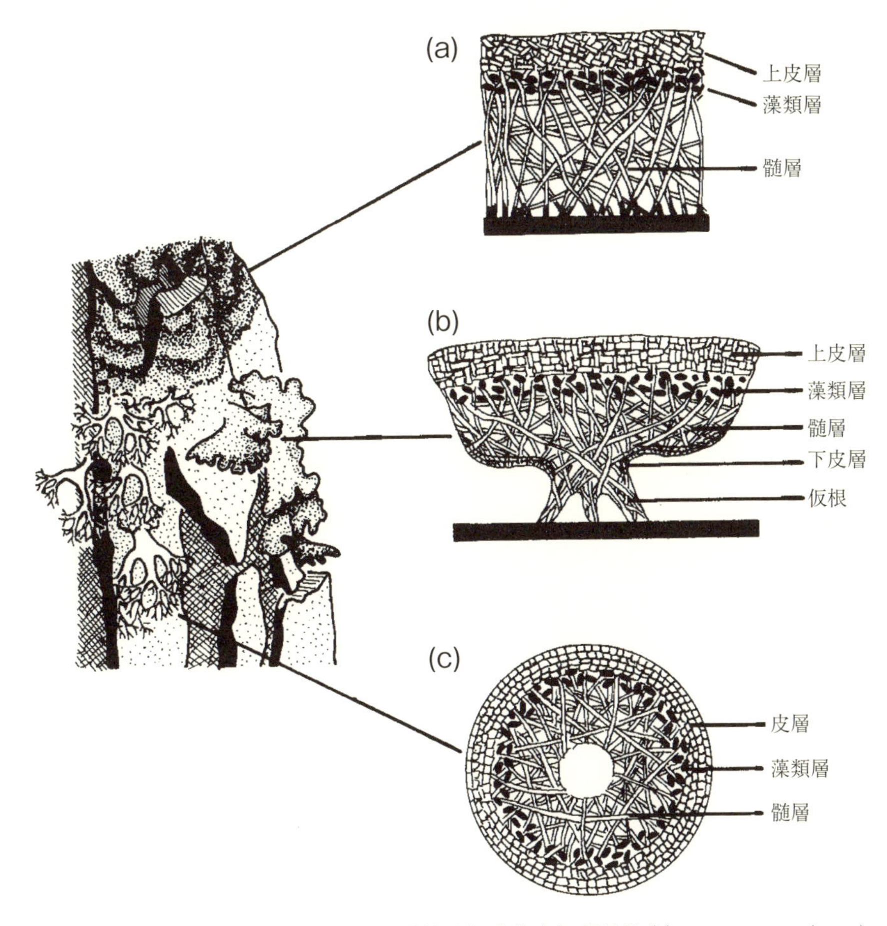

図 9-5　地衣類の断面構造．黒粒が藻類．痂状 (a)，葉状 (b)，樹枝状 (c)．Ahmadjian (1993) より．

2)　分散

地衣類は，有性生殖により子嚢胞子や担子胞子を形成する．ただし，これらの有性胞子には，フォトビオントは含まれない．このため，有性胞子が到達した場所で発芽するためには，そこでフォトビオントを新たに獲得する必要がある．地衣類の有性生殖に際して，共生者であるフォトビオントは水平伝播されることになる（5-3 節を参照）．

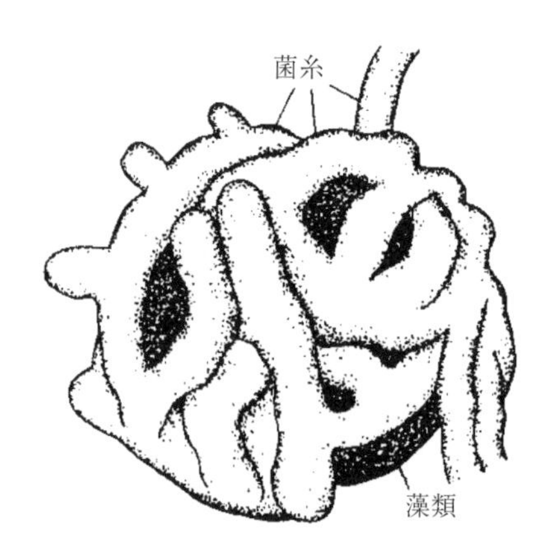

図 9-6　藻類層における菌糸と藻類細胞との結合．Kendrick（2000）より作図．

ミコビオントは，いくつかの方法で新たなフォトビオントを獲得する．他の地衣類の無性生殖器官や葉状体から，適合性のあるフォトビオントを獲得することができる．また，トレブクシア属の緑藻類は乾燥耐性が高いことで知られるが，その休眠細胞を取り込むこともある．あるいは，ひとまず適合性のあるフォトビオントと共生し，その後，より適合性の高いフォトビオントに乗り換える場合もある．

一方，無性生殖で形成される粉芽や裂芽において，フォトビオントは菌糸の構造中に含まれた状態で分散される．この場合，共生者の伝播様式は垂直伝播である．

もっぱら無性生殖により繁殖する地衣類の一例として，サンゴエイランタイ *Cetraria aculeata* がある．サンゴエイランタイは，北極と南極の両極（bipolar）に分布する．同種は北半球に起源することが知られており，更新世のあいだに南半球へと分布を広げた．そしておそらく最終氷期に，パタゴニアから南極半島に到達したと考えられる（Fernandez-Mendoza and Printzen 2013）．

3)　相利共生

フォトビオントは光合成による有機物生産を担う．ミコビオントの菌糸は従属栄養性であるため，フォトビオントの光合成産物がその栄養源となる．光合成産物は，緑藻類からは糖アルコール（リビトール，ソルビトール，マンニトールなど）として，シアノバクテリアからはグルコースとして，それぞれミコビオントに供給される．これらの有機物は，フォトビオントからミコビオントへと一方向的に移動する．

相利共生系において，ミコビオントは，フォトビオントに生育環境を提供する役割を担う．菌糸で作られた葉状体のスポンジ状の構造は，光合成に必要な二酸化炭素と，光合成の廃棄物である酸素のガス交換（通気）を容易にしている．同時に，光合成に必要な水分の保持にも適した構造である．さらに菌糸の合成する色素は，強光からフォトビオントを保護する役割を担っている．葉状体の黄色はウスニン酸とよばれる色素に由来し，橙色はアントラキノン系色素による．

4)　相利共生への依存度

トレブクシア属の緑藻類は，**自由生活状態**（free-living state），すなわちミコビオントと地衣共生にない状態でも，生活を営むことが知られている．他にも，地衣類として見出される藻類のなかには，付着藻類や土壌藻類として独立生活を営むものがいる．これらのフォトビオントは，**通性**（facultative），すなわちミコビオントと任意共生の関係にあることを意味する．

一方，これまでに知られているミコビオントのほぼすべてが，フォトビオントなしで単独生活を営むことができない．つまり，ミコビオントは**偏性**（obligate），すなわち必須共生の関係にある．

地衣共生からミコビオントを切り離し，フォトビオント（藻類）を単独で生育させると，光合成産物の大部分がフォトビオント自身の細胞生産に利用される．しかし実際の地衣共生では，フォトビオントにより合成された光合成産物は，ミコビオントへと速やかに移動する（図 9-7）．光合成産物の多くがミコビオントにより選択的に利用され，フォトビオント自身が利用する割合ははるかに少ない（図 9-8）．

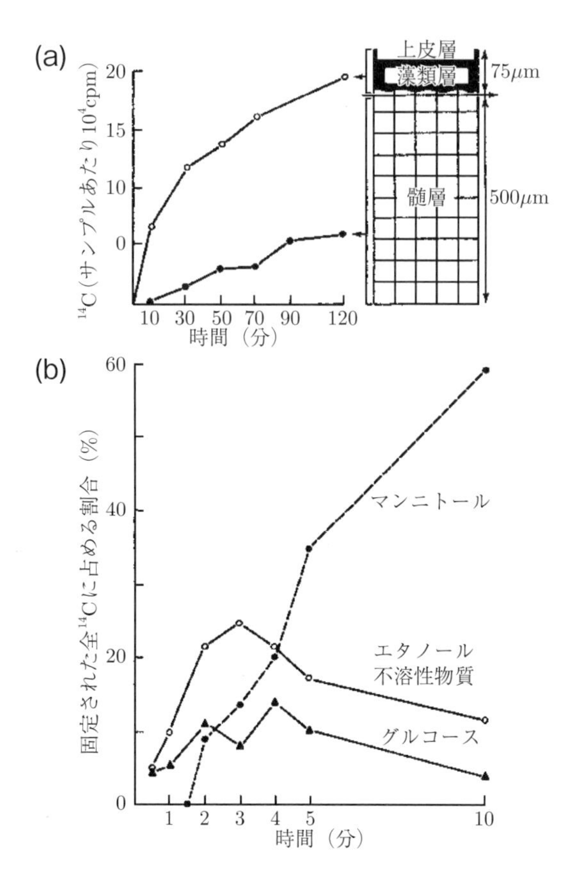

図 9-7　モミジツメゴケ *Peltigera polydactylon* に，放射性同位体でラベルした炭素（^{14}C）を与えたときの光合成産物の藻類層から髄層への移動（a）と，髄層に含まれる菌糸由来の有機物への ^{14}C の取り込み（b）．広瀬・大園（2011）より．

9-4　生態系における地衣類

菌類は地衣化することで，生態系のなかで植物と同じ一次生産者としての役割を担う生物に位置づけられる．本節では，地衣類の生態的特性として，生態系の物質生産および食物連鎖における役割と，環境ストレス耐性について紹介する．

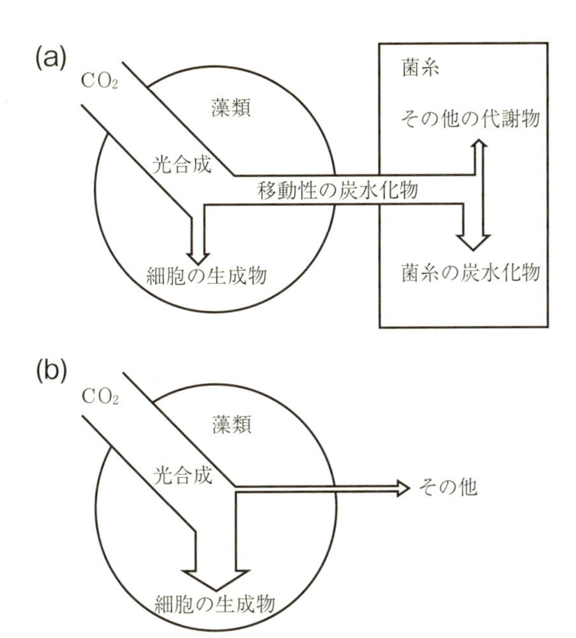

図 9-8 共生状態にあるヒロハツメゴケ *Peltigera aphthosa* の場合（a）と，ヒロハツメゴケから除去した共生藻類 *Coccomyxa* を単独で生育させた場合（b）での，光合成産物の流れを示す模式図．広瀬・大園（2011）より．

1) 現存量・窒素循環

地衣類は，地球の陸地面積の約 8%を覆っている．地衣類は乾燥耐性を有するため，他の生物が定着困難な乾燥地に分布を広げることができる．特に，維管束植物が不在の乾燥地などでは，生態系の主要な生産者となっている．地衣類はまた，岩石や母材を溶解することで，生態系への無機養分の供給を促す働きも担っている（9-2 節を参照）．

地衣類は，砂漠や極地では，**生物土膜**（せいぶつどまく）（biological soil crust, cryptogamic crust）として存在している場合が多い．生物土膜は，地衣類と，藻類やシアノバクテリア，蘚苔類や菌類，細菌類などの微生物からなる，有機質の混合物である．生物土膜は裸地をかさぶた状に覆うことで，土壌の形成，土壌中の水分や栄養分の保持，土壌流出の抑制，土壌の温度上昇，空中窒素固定といった機能を発揮する．

表 9-1　北半球中緯度地域の森林樹木に着生する地衣類の現存量（Boucher and Stone 2005）.

場所	北緯（°）	森林タイプ	現存量（kg/ha）
スウェーデン	62	トウヒ林	1160
サスカチュワン	52	クロトウヒ林	1750
サスカチュワン	52	バンクスマツ林	2000
ブリティッシュコロンビア	52	トウヒ・モミ林	838
ブリティッシュコロンビア	52	森林（標高 790 m）	283
ブリティッシュコロンビア	52	森林（標高 1129 m）	756
ブリティッシュコロンビア	52	森林（標高 1830 m）	3290
ワシントン	49	アマビリスモミ林	1900
ワシントン	49	ミヤマモミ林	1750
ノバスコシア	47	バルサムモミ林	139
ニューハンプシャー	48	バルサムモミ林	631
ニューハンプシャー	44	北方広葉樹林	100
オレゴン	44	ギャリーオーク林	1800
オレゴン	44	ダグラスモミ林	900
カリフォルニア	36	ブルーオーク林	706

樹木に着生する地衣類（epiphytic lichen）の現存量（バイオマス）は，森林タイプや緯度により異なるが，北半球の中緯度地域では1ヘクタールあたり100〜3,290キログラムである（表9-1）．海洋性気候で湿潤な北アメリカやヨーロッパの西部で，現存量が多い傾向が見られる．南半球や熱帯で，地衣類の現存量を測定した例は少ない．

着生地衣類の現存量は，森林の林齢や，着生する樹木の樹齢にも依存する．高齢の樹木ほど，地衣類が着生し成長する機会が増加するため現存量が多くなる傾向にある．また，同じ気候であっても，樹種ごとに着生する地衣類の種類や現存量は変化する．

樹木に着生する地衣類の空中窒素固定量は，1ヘクタールあたり0.0002〜10キログラムと見積もられている（表9-2）．コロンビアの熱帯山地林やアメリカ合衆国オレゴン州のダグラスモミ林など，年間を通じて湿度の高い地域で，地衣類による活発な窒素固定がみられる．これらの森林では，空中窒素固定能を有するシアノバクテリアと共生する地衣類が多い．例えば，コロンビアの熱帯山地林では着生地衣類の現存量の83%がシアノバクテリアと共生している．一

表 9-2　森林樹木に着生する地衣類による空中窒素固定（Boucher and Stone 2005）.

場所	森林タイプ	年間の窒素固定量（kg N/ha）	地衣類の現存量
アラスカ	針葉樹林	0.45	74.6
アラスカ	混交林	0.05	11.5
フィンランド	マツ林	3.84	388
フィンランド	カバ林	1.5	82
ワシントン	モミ林	7.6	1220
オレゴン	ダグラスモミ林	2〜10	390〜500
ノースカロライナ	ブナ林	0.77	14.3
ノースカロライナ	レッドオーク林	0.07	1.3
ノースカロライナ	オーク林	0.0002	0.02
コロンビア	山地熱帯林	1.5〜8	5.7

方，オレゴンのダグラスモミ林では，36%がシアノバクテリアと共生する地衣類である．

枯死した地衣類の葉状体は，土壌で分解を受ける．トウヒの原生林で着生地衣類の分解を調べた例では（Campbell *et al.* 2010），空中窒素固定するシアノバクテリアと共生し，窒素濃度の高い葉状体ほど，分解が速く，分解にともなう窒素の放出量も多かった．シアノバクテリアと共生していた葉状体が分解されることで，年間1ヘクタールあたり2.1キログラムの窒素が森林土壌へと供給されていた．

2)　食物連鎖における地衣類

動物の多くが，地衣類をエサとして摂食する．トナカイ（北アメリカではカリブーとよばれる），シベリアジャコウジカ，ハリモミライチョウといった動物が，地衣類を摂食する．われわれ人間も，イワタケ *Umbilicaria esculenta* やバンダイキノリ *Sulcaria sulcata* などの地衣類を食用とし，ムシゴケ *Thamnolia vermicularis* を飲用し，サルオガセ属 *Usnea* を漢方薬として用いる．地衣類はまた，鳥類の巣の材料としても頻繁に用いられる．

北極のツンドラで生活するトナカイは，植物とともに地衣類を摂食する．特に冬季には地衣類が主要なエサとなり，食物の60〜70%を地衣類が占める．地衣類に含まれる炭水化物のリケニン（lichenin）は，多くの動物が消化できない．しかしトナカイの腸内にはリケニンの分解酵素を有する微生物が共生しており，その働きによりトナカイは地衣類を消化して栄養を得ることができる．

地衣類の葉状体では，地衣成分（lichen compounds）とよばれる二次代謝物が合成される．地衣成分として700種類以上が知られており，その90%以上が地衣類に固有の化合物である．地衣成分の多くが，医薬品や染料として有用な性質を有している．

地衣類は食用以外でも，人間生活に深く関わっている．例を挙げると，ツノマタゴケ *Evernia prunastri* はオークモスともよばれ，香粧品の原料として用いられる．リトマスゴケ属 *Roccella* から得られる紫色の染料は，溶液の酸性・アルカリ性を調べるリトマス試験紙に用いられる．

地衣成分はときに葉状体の乾燥重量の20%を占めるほど大量に生産されるが，その生態的な役割についてはよくわかっていない．9-3節で述べたように，着色成分は紫外線から細胞を保護する役割を担っている．なかには，抗生物質活性をもつ成分も知られている．苦味成分は，動物の摂食を妨げる働きをもつかもしれない．

3)　環境ストレス耐性

地衣類は，乾燥条件に耐性を示すことが知られている．乾燥条件下では生理活性が認められなくなるものの，長期にわたって生存することができる．乾燥した葉状体を保護する物質として，多価アルコールであるマンニトール，ソルビトールやアラビトールが知られている（12-2節を参照）．

地衣類の生育場所は，極地から熱帯まで，そして砂漠などの乾燥地から海岸まで，地球上の至るところに広がっている．葉状体は，霧や大気から光合成に必要な水分を得ることができる．このため，霧の発生頻度が高い場所や湿度が高い場所であれば，降水量が少なくても生育できる．こうして地衣類は，他の生物の生育に適さない**極限環境**（extreme environment）で優占するという生態学的な特性をもつ．

身近なところでは，例えば，岩の表面や割れ目のすきま，街路樹を含む樹木の樹皮の表面，コケ層の表面など，他の生物がとうてい生育できない場所に地衣類は見出される．人間が作り出したコンクリートやガラスの表面にも出現する．熱帯域では，樹木の葉の表面によくみられる．撥水性のクチクラ層に覆われ，日射に絶えずさらされる葉の表面は，乾燥の厳しい住み場所の1つである．

しかしその一方で，地衣類は大気汚染への感受性が高いことで知られている．特に二酸化硫黄に対する感受性が高く，地衣類の消失の主要因となっている．この性質を利用して，地衣類は大気汚染の生物指標として環境モニタリングに用いられる（濱田・宮脇 1998）．例えば，わが国の都市部ではその周辺部と比較して，ウメノキゴケ（図 9-1b）の出現がまれであることが知られている．大気環境の指標としての有用性には，大気に含まれる成分や水分を利用して光合成を行う，地衣類の性質が関わっている．

さらに勉強したい人のために

- 柏谷博之（2009）地衣類のふしぎ．サイエンス・アイ新書．SBクリエイティブ．
- 濱田信夫・宮脇博巳（1998）大気汚染の生物指標としての地衣類．日本生態学会誌 **48**: 49–60
- 広瀬大・大園享司訳（2011）菌類の生物学．D.H. Jennings, G. Lysek 著，京都大学学術出版会．

理解度チェッククイズ

9-1　地衣類はどの分類群の生物に所属するか，理由とともに述べよ．

9-2　地衣類は相利共生体である．このことを，共生に関わる生物群の名称と，それぞれが得る利益の点から説明せよ．

9-3　生態系における地衣類の役割を3つ挙げ，説明せよ．

BOX9-1　学生はどの菌類をレポートテーマに選ぶのか

1）どの生態機能群を選ぶのか

菌類の講義では，生態機能群である菌根菌，内生菌，病原菌，分解菌について順に紹介していく．そして講義の最後にレポート課題として，これらの生態機能群から自由に1つを選び，その菌類がさまざまな生物の暮らしにどんな働きを果たしているのか，どのように関わっているのかについて，自由に課題を設定してまとめてもらう．

テーマを自由に選べるとあって，学生独自の発想や着眼点が発揮された力作が多く，レポートを読むのも苦にならない．採点していると，学生が課題として選ぶ生態機能群に，何かしら傾向がありそうに思えてきた．

そこで，2013年度から2015年度までのレポート課題について，実際に集計してみた．全体で441件のレポートが提出され，そのうち上述のどの生態機能群にも該当しない50件と，教育学部の学生による1件のレポートを除いた，390件を集計した（図9-9）．

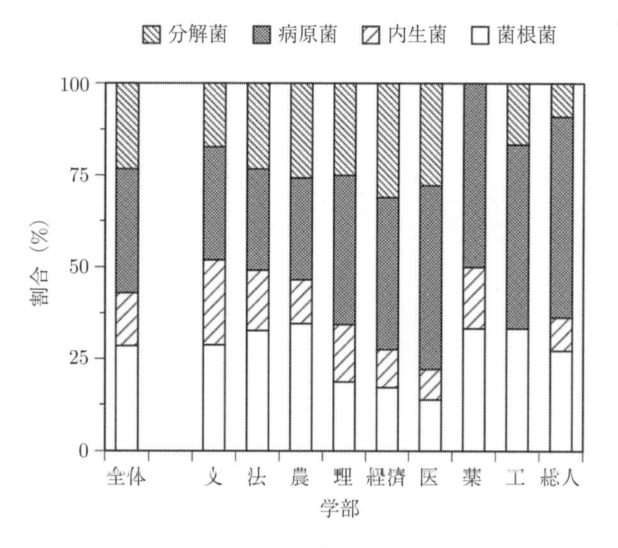

図9-9　レポートのテーマに選ばれた菌類の生態機能群．

全体的には，病原菌を選んだレポートが全体の34%ともっとも多かった．学生3人のうち1人が，病原菌をテーマに選んでいたことになる．菌根菌29%，分解菌23%が続き，内生菌は14%ともっとも少なかった．

この傾向は，病原菌や菌根菌についての日本語の書籍や資料が多い一方，内生菌について日本語で読める書籍や資料が少ないことを反映しているように思える．また締め切り直前にレポートを書く学生が多いため，レポート締め切り日に時期的に近い講義で紹介した内容ほど，テーマに選ばれやすいかもしれない．

学部別にまとめると，おおよそ3パターンありそうだ．文学部，法学部，農学部の学生は，菌根菌，病原菌，分解菌を各20〜30%程度ずつ，おおむね均等にテーマに選んでいた．理学部，経済学部，医学部の学生は，40〜50%が病原菌を選択し，次に分解菌が25〜30%を占めた．薬学部，工学部，総合人間学部の学生は，50%以上が病原菌を選択し，30%程度が菌根菌を選択した．一方で，内生菌や分解菌を選択した学生は20%に満たなかった．

このように，学部によってどの生態機能群をテーマに選ぶのかに差がありそうだ．あまり偏りのない学部と，特に病原菌を選ぶ学生の多い学部とがある．文系と理系でグループに分かれるわけでもないのが面白い．なぜこんな違いがあるのかについて，理由がすぐには思いつかない．どなたかヒントがあれば教えてください．

なお，学年や年度，性別で比較したところ，4つの生態機能群をテーマに選ぶ割合には差が認められなかった．

2）どの分類群を選ぶのか

講義ではまた，菌類の分類群を順に紹介していく．その一連の講義内容をふまえて，（かつての）ツボカビ類，（かつての）接合菌類，グロムス類，子嚢菌類，担子菌類，地衣類，偽菌類，不完全菌類，熱帯・極地の菌類，の9つの菌類群から1つを選び，その分類群についてもっとも重要と考えられる課題を自由に設定して，レポートにまとめてもらった（ただし，最後の熱帯・極地の菌類は分類群ではない）．上述の分類群について全体的に扱ってもいいし，特定の種や属を選んでもよい．

ここでも2013年度から2015年度のあいだに提出されたレポートを材料にして，学生がどのテーマを選んだのかを，学部別に集計してみた．どうやら

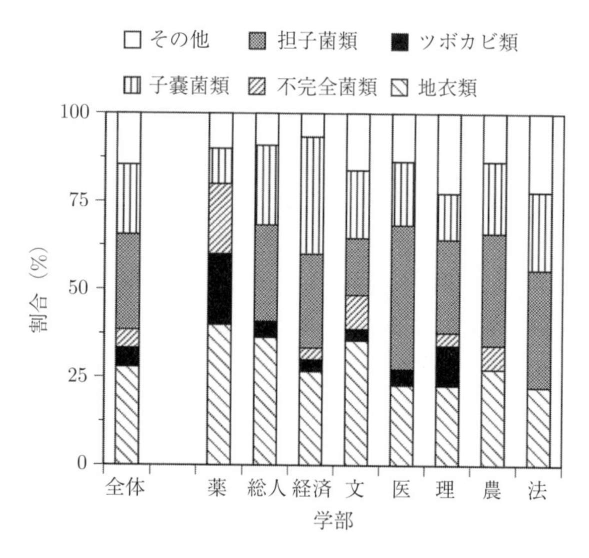

図 9-10　レポートのテーマに選ばれた菌類の分類群.

私は，集計するのが好きみたいだ.

全体で 226 件のレポートを集計した（図 9-10）. 地衣類が 63 件（全体の 28%），担子菌類が 61 件（同 27%）ともっとも多く，子嚢菌類が続いた（45 件，同 20%）. 偽菌類，ツボカビ類，不完全菌類は，12～17 件（同 5～8%）であった. グロムス類，熱帯・極地の菌類，接合菌類は，3 年分あわせても 3～8 件（同 1～4%）と少なかった.

地衣類，担子菌類，子嚢菌類が多く取り上げられた要因としては，これらの菌類群が大型で比較的，身近な存在であること，これらの菌類群に関する資料が入手しやすいこと，レポート締め切り日に時期的に近い講義で紹介したこと，などが挙げられるだろう.

学部別に見ると，まず目に付くのが薬学部である. レポート数が 10 件と少ないのであまり確かなことはいえないが，地衣類をテーマに選んだレポートが 40%と他のどの学部よりも多く，またツボカビ類，不完全菌類を選んだ学生の比率が高かった.

次に，総合人間学部，経済学部，文学部では，地衣類をテーマに選んだレポートが 27～36%と薬学部より比率がやや低く，子嚢菌類と担子菌類をテーマに選んだレポートはいずれも16～27%であった．

最後に，医学部，理学部，農学部，法学部では，さらに地衣類の比率が低くなり（22～27%），一方で担子菌類をテーマに選んだレポートが26～41%と多かった．子嚢菌類は13～22%だった．

このように，レポートテーマとなる分類群の選択でも，機能群の場合と同じように，学部による違いがありそうだ．テーマ選択は個人の興味や関心によるものであり，学部による傾向に意味があるのかどうか，実際のところはよくわからない．学生にテーマ選定の理由や動機を書いてもらえば，もっと詳しく検討できたかもしれない．

第3部
生態解析編

第10章から第12章では，菌類の生態研究法，多様性解析法，およびこれらを用いることで解き明かされてきた，環境変動下における菌類の生態について紹介する．基本的な事項に加えて，一般生態学において近年めざましい進展を遂げている内容を盛り込み，菌類生態学のフロンティアを概観する．

第10章

菌類の生態研究法

本章では，菌類の生態研究法について述べる．まず，生態研究で従来から用いられてきた菌学的な観察法，分離培養法，およびバイオマスの定量法を紹介する．次に，最近になって菌類の生態研究に取り入れられているDNA分析手法の基本的な事項を説明する．

10-1 菌類生態研究の難しさ

生態研究では，対象となる生物を同定し，その数や量と，時間的･空間的な**分布**（distribution）を明らかにすることが最初の目的となる．**同定**（identification）は，生物の種や分類群を決定する作業のことである．同定は，試料の分類形質について肉眼的特徴，微視的特徴，培養性状・培養形態の観察などを行い，図鑑や文献による検討，ときには標準標本（タイプ標本）との比較によって行う．

生物の数や量は，いくつかの指標で定量的に表現することができるが，各指標の定義は研究事例やテキストごとに異なる．本書では，個体数やコロニー数を**アバンダンス**（abundance），生物量や菌糸量を**バイオマス**（biomass），一定数の区画や基物などにおける在・不在に基づく出現区画数や出現基物数，およびそれらの出現数の頻度を**インシデンス**（incidence）とよぶ．菌類の生態研究ではインシデンスがよく用いられており，11-1節で再び詳しく触れる．

1) 方法論的な制約

菌類の生態研究には，菌類の生物学的な特性に起因する方法論的な制約がある．

1. 菌糸は微小であり，肉眼では見ることができない．このため観察には顕微鏡が必要となる．
2. 菌類は形態的な特徴に乏しい．菌類の分類は，生殖器官である子実体の形態に基づいて行われるが（2-1節を参照），子実体は一般に形態的な特徴に乏しい．生活の主体である菌糸は，特に形態的な特徴に乏しく，菌糸の形態から種を判別することは極めて難しい．
3. 菌糸体は個体性に乏しい．個体を定義し，アバンダンスやバイオマスを定量化するのが困難である．

具体例で説明しよう．ある1枚の落葉に，菌類の子実体が発生していたとする（表紙カバー，および図8-1c）．まずはその子実体を観察して，どの種かを決める必要がある．その子実体が，仮にモリノカレバタケと同定できたとしよう．

その横に別の落葉があるとする．その落葉からはモリノカレバタケの子実体が発生していない．では，この観察の結果に基づいて，その落葉にはモリノカレバタケの菌糸が存在しない，と言い切れるだろうか．答えは，否である．なぜなら，目には見えないが，モリノカレバタケの菌糸が落葉の内部に存在する可能性を否定できないからである．子実体の発生の有無（インシデンス）と，菌糸体の有無（インシデンス）が一致するとは限らない．また，子実体の本数も，落葉の内部に存在する菌糸体の数（アバンダンス）を反映するわけではない．

さらにいえば，子実体の発生は，その落葉にモリノカレバタケの菌糸が存在することを意味するものの，子実体の発生の観察や子実体の重量の測定だけでは，落葉中にどれくらいの量のモリノカレバタケの菌糸（バイオマス）が存在しているのかはわからない．子実体は胞子分散のための生殖器官であり，落葉の分解に直接関わっているわけではない（4-1節を参照）．分解に直接的に関わっているのは，栄養菌糸である（3-4節を参照）．落葉に含まれる栄養菌糸の量（バイオマス）を何らかの方法で調べない限り，その種がその落葉の分解に果たす重要性は定量できない．

2)　さまざまな研究方法

このように，動物や植物と違って，菌類の研究では通常，種組成と各種の菌糸

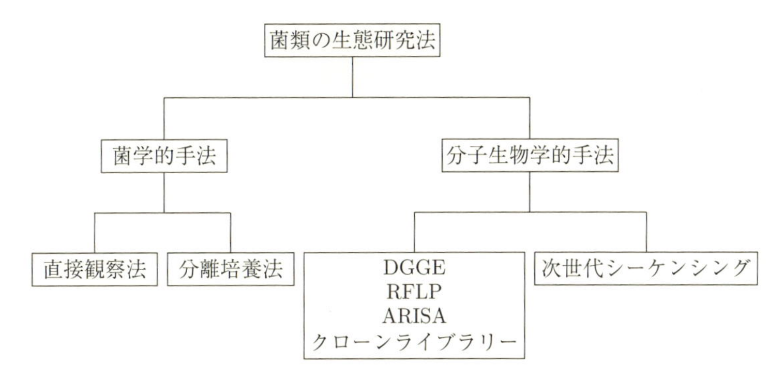

図 10-1　菌類の生態研究手法．変性剤濃度勾配ゲル電気泳動法（Denaturing Gradient Gel Electrophoresis，略して DGGE），制限酵素断片長多型（Restriction Fragment Length Polymorphism，RFLP），自動 rRNA 遺伝子間多型解析（Automated Ribosomal Intergenic Spacer Analysis，ARISA）．小島・広瀬（2011）と Osono（2014）より作図．

量を単一の方法で同時に明らかにするのは困難である．そのため，さまざまな研究手法を組み合わせて菌類の生態に迫っていくことが肝要となる．そのような菌類の生態研究法は，菌学的方法と分子生物学的手法に大別される（図 10-1）．

菌学的手法はさらに，直接観察法と分離培養法に区分される．これらは主に分類学を目的とした方法だが，上述のような方法論的な制約があった．2000 年頃までに，DNA 分析を中心とした分子生物学的な手法が導入されたことで，菌類の生態学や分類学における方法論上の問題点の多くが克服されつつある（10-3 節を参照）．

10-2　菌類の直接観察・分離培養とバイオマスの定量

1)　直接観察法

大型の子実体は肉眼で観察可能だが，場合によっては倍率 20 倍程度のルーペを補助的に用いて，種同定の手がかりとなる分類形質を観察する．一方，菌糸や胞子は微小なため肉眼では見えない．観察には，光学顕微鏡（light microscope）

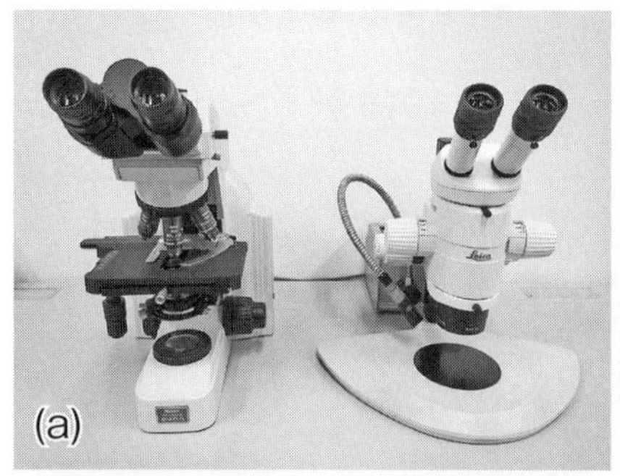

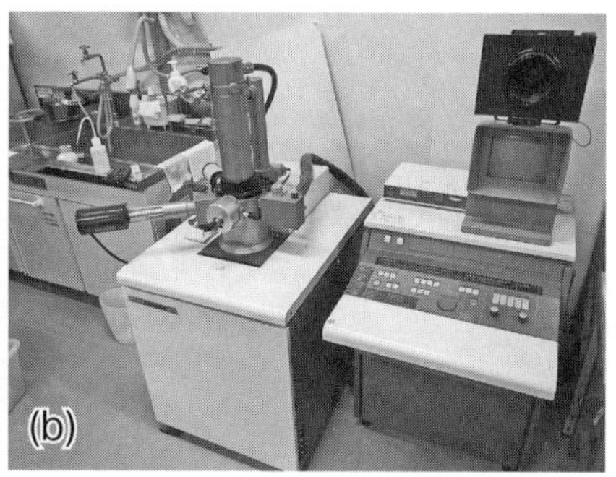

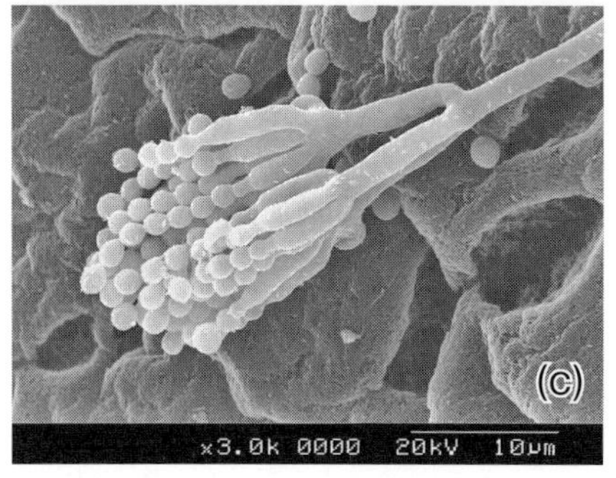

図 10-2　透過型の明視野顕微鏡（a 左），実体顕微鏡（a 右），電子顕微鏡（b），走査型電子顕微鏡で観察したアオカビ属の分生子形成細胞と分生子（c）．（c）は広瀬大氏提供．

や電子顕微鏡（electron microscope）が必要である（中瀬 2010）．これらの顕微鏡を用いて，菌糸や胞子の形態や，表面構造にみられる特徴などを観察する．

光学顕微鏡としては，実体顕微鏡（stereo microscope）と透過型の明視野顕微鏡（light-field microscope）がよく用いられる（図 10-2a）．実体顕微鏡は比較的低倍率（40～100 倍）だが，試料をそのままの状態で立体的に観察することができる．透過型の明視野顕微鏡は，菌類の観察にもっとも一般的に使われていて，倍率は最大で 1,000～1,500 倍程度である．標本を透過する光量の違いを明暗として観察するが，標本は染色したものでも，無染色のものでもよい．

電子顕微鏡では光の代わりに電子線を利用することで，光学顕微鏡よりも分解能をあげて観察することができる（図 10-2b）．透過型電子顕微鏡（transmission electron microscope）では，超薄切片試料を透過した電子線により画像が結ばれる．一方，走査型電子顕微鏡（scanning electron microscope）では，電子ビームが試料の上を走査し，試料から発生する電子を検出器によって捕捉し，増幅することで画像を映し出す．これにより，光学顕微鏡では確認できない胞子の表面構造などを観察することが可能である（図 10-2c）．いずれの電子顕微鏡の場合も，真空中での電子線の照射により試料損傷を受けたり，変形したりするため，検鏡に先立って試料に金属を蒸着する処理が必要である．

2) 分離培養法

落葉や細根などの基物の表面や内部に存在する菌糸を同定するには，分離培養とよばれる実験操作により純粋培養株を得るとともに，分類の手がかりとなる生殖器官の形成を促す必要がある．**分離**（isolation）とは，試料から目的とする菌類の接種源（菌糸・胞子など）を取り出し，他の生物の混在を断って成長させる操作を指す．菌類の生態研究で用いられる主な分離法は，以下のとおりである．

- 組織分離法：子実体の組織の一部から分離する．
- 胞子落下法：子実体などから放出される胞子から分離する．
- 洗浄法：落葉や細根といった基物の表面に付着した胞子や土壌などを界面活性剤で洗い流してから，基物上に菌糸として存在する菌類を分離する．
- 表面殺菌法：基物表面を殺菌することで，基物の内部に存在する菌類を分離する．
- 希釈平板法：接種源（例えば，土壌）を懸濁・希釈してから分離する．

分離により，純粋培養（pure culture）の菌株が得られる．単一の細胞に由来する細胞集団を菌株（isolate），あるいは系統（strain）とよぶ．ここで**培養**（culture）とは，試料中に含まれる菌糸の成長を促し，胞子や休眠構造を発芽成長させ，できれば胞子形成を促すべく，試料に水や栄養分，適切な環境を与える操作を指す．具体的には，湿室での培養，栄養培地への接種，培養温度・培養期間・光条件（自然光，紫外線）の調節，天然基物や合成基質の添加などの操作を行う．

菌株を用いた実験操作を行う上では，無菌（sterile）環境の構築が必要である．有菌環境下では，常にさまざまな微生物による汚染，すなわち**雑菌混入**（contamination）の危険がある．そのため，実験室は常に掃除をして清潔と整理整頓を心がけ，実験を始める前には丁寧に手を洗い，周辺を除菌するなどが必要である．

雑菌混入を妨げるため，無菌操作はフィルターで除菌した空気を流すクリー

図 10-3　無菌操作の「三種の神器」．クリーンベンチ（a），オートクレーブ（b），乾熱滅菌機（c）．

図 10-4　固体培地（左）と液体培地（右）．

ンベンチのなかで行う（図 10-3a）．実験器具や培地の**滅菌**（sterilization）には，加圧滅菌機（オートクレーブ），乾熱滅菌機，ガス滅菌機などを用いる（図 10-3b,c）．白金耳やピペットなどの器具は，70%アルコールで消毒し，ガスバーナーなどを用いて火炎滅菌してから使用する．

培地あるいは**培養基**（medium，複数形 media）には，菌類の成長に必要な炭素源，窒素や無機塩類などが含まれる．培地は，天然培地，合成培地，半合成培地に大別される．天然培地は，化学組成が明らかではない天然物を添加した培地である．合成培地は，化学物質のみからなる化学組成の明らかな培地である．微量必須成分の添加を目的として，合成培地に少量の天然物を添加した培地は，半合成培地とよばれる．

液状の培地を液体培地（liquid media），液体培地に寒天（agar）などを加えて固化した培地を固体培地（solid media）とよぶ（図 10-4）．液体培地を用いた培養では，静置培養のほか，培地中を好気状態にするための震盪培養も行われる．固体培地は，シャーレを用いた平板培地や，試験管を用いた斜面培地として用いる．

これらの分離培養法により得られた菌株は，個々の研究室で保存されるほか，公的な保存機関（カルチャーコレクション）に寄託されている．わが国では，独立行政法人製品評価技術基盤機構バイオテクノロジーセンター（略称NBRC）や独立行政法人理化学研究所バイオリソースセンター微生物材料開発室（同JCM）などの機関により，菌株の保存や提供が行われている．

3)　バイオマス定量法

菌類では，種組成とアバンダンスやバイオマスの両方を，単一の方法によって同時に明らかにすることは困難である（10-1節を参照）．そのため，これまでの研究では，菌糸量は種ごとの量でなく，菌類全体での量として評価されてきた．

菌糸量の評価法は，菌糸を直接観察して定量する直接法と，菌糸の成分を定量して菌糸量を推定する間接法に大別できる（Newell 1992）．

直接法には，メンブランフィルター法と寒天薄膜法がある．いずれの方法でも，落葉や土壌といった基物を水中やリン酸緩衝液中で粉砕して均質化し，菌糸を基物から遊離させる．その懸濁液をメンブランフィルター上や寒天薄膜中に展開し，そこに含まれる菌糸を顕微鏡下で観察することにより，菌糸の長さ，つまり菌糸長（hyphal length）を計測する（BOX10-1を参照）．

間接法では，菌糸の細胞膜成分である**エルゴステロール**（ergosterol）や，細胞壁成分であるグルコサミン（3-2節を参照）の含有量，アデノシン三リン酸（ATP）の含有量，あるいは酵素活性，二酸化炭素発生量などを測定して，菌糸量を推定する．ただし野外試料を対象に，グルコサミンやATP量，および酵素活性，二酸化炭素発生量を測定する場合，菌類に由来する成分と，基物中に含まれる細菌や土壌動物に由来する成分とを区別できない点に注意が必要である．

10-3　DNAを対象とした分子生物学的手法

1)　DNAと遺伝子，ゲノムと生物多様性

デオキシリボ核酸（deoxyribonucleic acid，DNA）は，菌類やわれわれヒトを含む，あらゆる生物の遺伝物質である．地球上の生物は，このDNAに改変を加えながら進化の道筋をたどってきた．もちろん菌類も，その例外ではない．

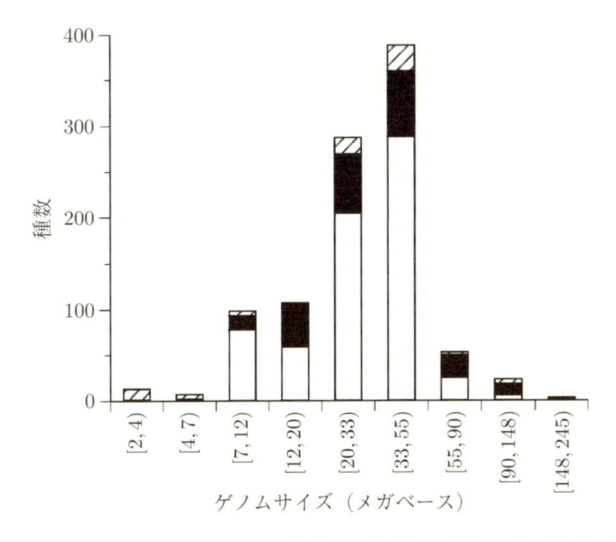

図 10-5　菌類のゲノムサイズの頻度分布．白塗：子嚢菌類，黒塗：担子菌類，斜線：その他の菌類．オンラインデータベース FungiDB（URL: fungidb.org，2017 年 10 月 2 日閲覧）より．

ゲノム（genome）とは，生物が生まれつきもっている全 DNA（遺伝情報）である．ある生物が代々受け継ぐ，遺伝的指令の全ライブラリーともいえる．遺伝情報は，直接的には DNA の**塩基配列**（base sequence）として保持されている．生物のあらゆる形質の違いは，究極的にはこの塩基配列の違いにより生じる．この DNA の塩基配列にコードされている遺伝情報を，**遺伝子**（gene）とよぶ．

ゲノムの大きさ（サイズ）は，メガベース（Mb）という単位で表される．1 メガベースは，100 万塩基対に相当する（塩基対については，BOX10-2 を参照）．1990 年代に進められたヒトゲノム計画では，2003 年にヒトのゲノムの全塩基配列が決定されたが，菌類ではそれに先立つ 1997 年に，酵母サッカロマイセス・セレビシエでゲノムの全塩基配列が決定された．それ以来，菌類では 2017 年 3 月現在で，のべ 979 種のゲノムが決定されている（図 10-5）．これまでに調べられた菌類のゲノムサイズは 2.1～215.7 メガベース（210 万～2 億 157 万塩基対）で，種ごとに大きく異なる．なお，ヒトゲノムのサイズは約 3,000 メガベース（30億塩基対）である．

菌類を含むすべての生物は，40億年前ともいわれる昔に，ただ一度だけ地球上に出現した生命体に起源すると考えられている（2-1節を参照）．その後，生命は，膜で囲まれた細胞を基本単位とした体制で，DNAによりその遺伝情報（生命情報）を後世に伝えて，現在に至っている．現存する生物はすべて，細胞からなり，DNAを遺伝情報とするという特徴を共有している．その点で，あらゆる生物種は共通であり，**一様性**（uniformity）をもつ．

とはいえ，あらゆる生物のゲノムのなかでは，遺伝情報の変化がさまざまな生物学的なプロセスにより常に生じている．これにより生物種は，その集団のなかに遺伝的な違い，すなわち**遺伝的変異**（genetic variation）を保有している．この遺伝的変異が原動力となって，生命は，空間的，時間的に変動する地球の環境条件に柔軟に適応し，生態系ごとに形質の異なるさまざまな生物種へと分かれていった．この環境適応のプロセスは**種分化**（speciation）とよばれる（サダヴァら 2014）．

このような，あらゆる生物のあいだに見られる違い（変異性）は，**生物多様性**（biodiversity）と総称される．生物多様性は生物のあいだにみられる連続的な変異性を指すが，階層的に，遺伝的多様性（genetic diversity），種多様性（species diversity），および生態系の多様性（ecosystem diversity）に区別されている（鷲谷・後藤 2017）．DNAレベルの分析手法は，この3つの段階の生物多様性研究に大きな影響を及ぼしている．

2)　DNAシーケンシング

DNAシーケンシング（DNA sequencing）とは，DNAの塩基配列を決定することである．DNAに含まれる塩基には，アデニン（A），グアニン（G），シトシン（C），チミン（T）の4種類がある（BOX10-2を参照）．塩基配列は，DNAを構成するヌクレオチドの結合順を，これら塩基の種類により記述したものである．

DNAが保持する遺伝情報は，この塩基配列に刻み込まれている．この塩基配列が変異することで，菌類をはじめとする生物は新たな機能や構造を獲得して種分化し，進化の道筋をたどってきた．そのため，DNAシーケンシングで

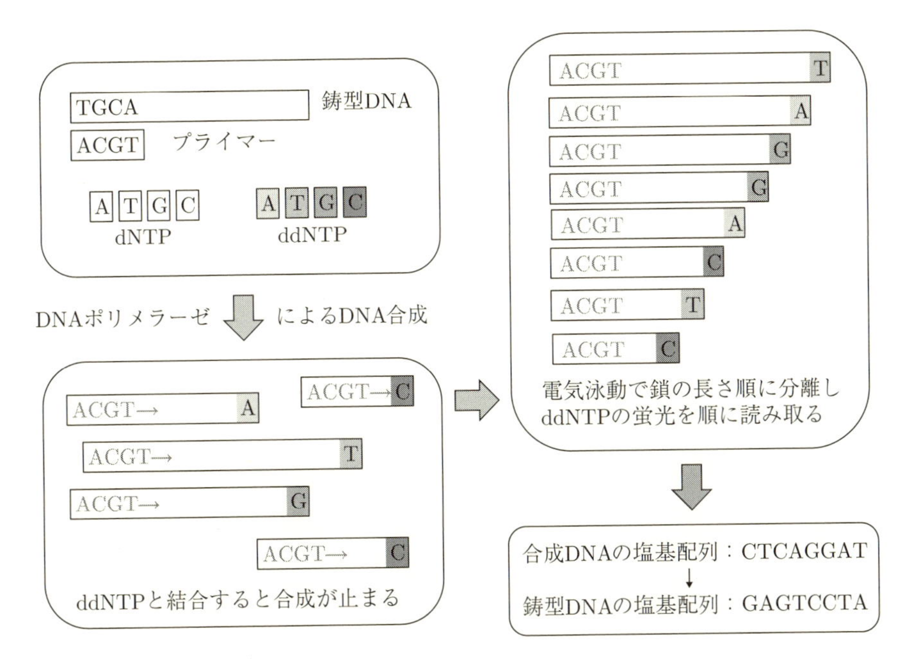

図 10-6　サンガー法による塩基配列の決定．塩基配列を調べたい DNA を鋳型にして，相補的なヌクレオチド鎖を合成していく．その際，通常のヌクレオチド（dNTP）とともに，合成途中の DNA に取り込まれるとそれ以上 DNA が合成されなくなるジデオキシヌクレオチド（ddNTP）を加えておく．この ddNTP は，4 種類の塩基に相当する蛍光色素で標識されている．詳細は本文を参照．

塩基配列が決定できれば，原則的には，菌類の種や分類群，形態や生態についての情報が得られることになる．

サンガー法は，これまでに考案された DNA シーケンシングの手法のなかで，もっともよく用いられる手法である（図 10-6）．サンガー法では，塩基配列を調べたい DNA を鋳型にして，相補的なヌクレオチド鎖を合成していく．このヌクレオチド鎖の合成には，DNA 合成酵素である DNA ポリメラーゼ（DNA polymerase）が用いられる．このとき，通常のヌクレオチド（dNTP）とともに，合成途中の DNA に取り込まれるとそれ以上 DNA が合成されなくなるジデオキシヌクレオチド（ddNTP）を加えておくと，末端に ddNTP をもつさまざまな長さの DNA 断片が多数得られる．この ddNTP は，4 種類の塩基に相

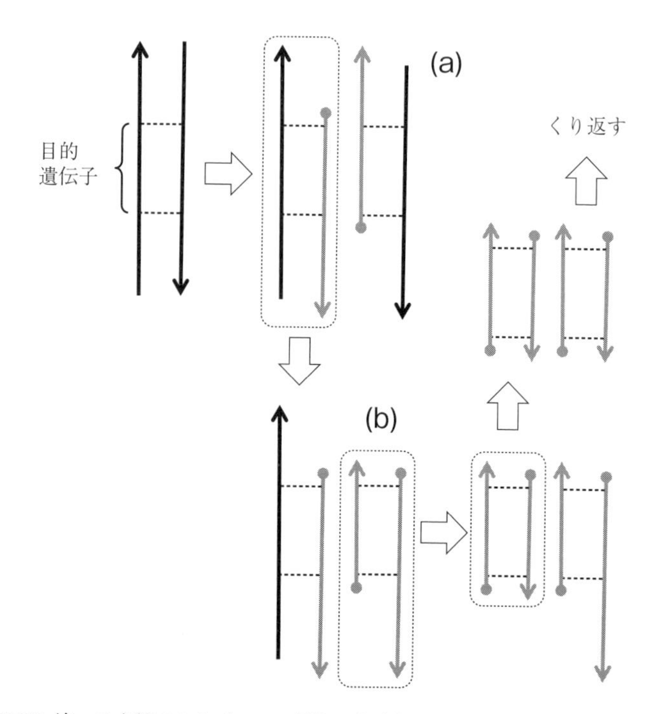

図 10-7　PCR法．二本鎖DNA（ペアの黒色の矢印）を高温にして2個の一本鎖にしたのち，温度を下げてプライマー（●）とDNAポリメラーゼ，4種類のヌクレオチドを加えると，一本鎖DNAを鋳型として，DNAポリメラーゼの結合部位からヌクレオチド鎖が合成される（灰色の矢印）(a)．合成DNAを再び高温で一本鎖にして，同じ操作をくり返せば，目的遺伝子を含むDNAのみが増幅される (b)．反応をくり返すごとに，目的遺伝子の部分のDNA量は，2倍，4倍，8倍，16倍…と増えていく．

当する蛍光色素で標識されているため，その蛍光をDNA鎖の長さに応じて順に読み取ることで，塩基配列を決定することができる．

サンガー法によるDNAシーケンシングは，同じくDNAポリメラーゼを用いたポリメラーゼ連鎖反応（polymerase chain reaction, **PCR**）法と組み合わせることにより，大幅に効率化した．PCR法は，解析対象のDNA断片だけを選択的に増幅させる手法である（図10-7）．DNAシーケンシングには大量のDNA分子が必要だが，PCR法の登場により，鋳型となるDNAがたとえ少量でも解析が可能になった．

3) DNAバーコーディング

DNAバーコーディング（DNA barcoding）は，生物の種を短い塩基配列から同定する手法を指す．ここでいう短い塩基配列とは，具体的には500～800塩基対のものをいう．あとで述べるメタバーコーディングでは，200～300塩基対という短い塩基配列を解析対象に用いる場合もある．

身近なところでは，バーコーディングの技術はコンビニエンスストアやスーパーマーケットでの商品管理に用いられる．あらゆる商品には，その商品に固有のバーコードが付けられている．会計の際にそのバーコードをバーコードリーダーで読み取れば，商品名や値段について情報が得られる．これと同様に，種に固有の塩基配列を読み取ることで，種名の情報が得られるシステムが，DNAバーコーディングである．

DNAバーコーディングのシステムは，**遺伝子マーカー**（genetic marker）の選択と，**データベース**（database）の構築に大きく依存している．

遺伝子マーカーとは，菌類の種の目印となる塩基配列である．遺伝子ごとに，塩基配列の変化速度（進化速度）は異なる．このため，膨大な菌類のゲノムのなかから，解析対象の分類群に応じて，その分類群に含まれる種間の違いをよく反映するDNAの領域を選択する必要がある．

というのも，対象となる分類群の種のあいだでよく保存されていて，塩基配列がほとんど違わない遺伝子領域を解析しても，種は区別し難い．逆に，同じ種の異なるサンプル（個体や菌株）のあいだでも，塩基配列に十分な違いがある，すなわち種内変異の大きい遺伝子領域が存在する．そのような遺伝子領域を解析すると，同種を誤って別種として判定する可能性が高くなってしまうからである．

菌類では，遺伝子マーカーとして，リボゾームDNAの内部転写スペーサー（Internal Transcribed Spacer，略して**ITS**）領域が頻繁に用いられる（図10-8）．ITS領域は，多くの分類群で種の判別に十分な変異（違い）を含んでいることや，PCR法による増幅がしやすいこと，そしてデータベースにおけるデータの蓄積量が多いことなどから，菌類のDNAバーコーディングにもっとも適したマーカーであるといえる．このITS領域をPCR法で特異的に増幅するための，複数のPCRプライマー（primer）が設計されている．

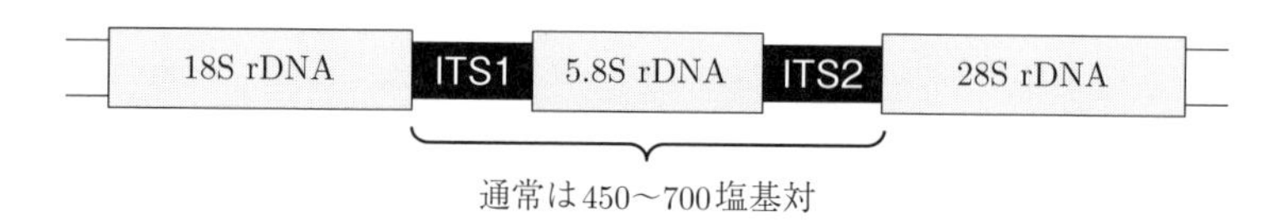

図 10-8　リボゾーム DNA の ITS 領域．用いるプライマーにより，どの範囲の DNA が増幅されるのかが異なる．Osono（2014）より作図．

データベースの構築は，DNA バーコーディングにおいて重要なもう 1 つの要素である．塩基配列を決定しても，その塩基配列と種名を紐付けできるデータベースが存在しなければ，あるいは利用できなければ，種名は判定できない．商店にあるバーコードリーダーは，商品目録があらかじめ登録されたデータベースと繋がっているからこそ，商品名を正しく表示できるのである．シイタケの袋にあるバーコードをバーコードリーダーで読み取ったとき，「未知の菌類，値段不明」と判定されては商売にならない．

2017 年 7 月現在，菌類の DNA バーコーディングに利用できるデータベースとして，国際塩基配列データベース（International Nucleotide Sequence Database，略して INSD）がある．INSD は，日本，欧州，および米国が共同で構築している．詳細は，DNA Data Bank of Japan（DDBJ）のホームページで閲覧できる（URL: ddbj.nig.ac.jp）．

これらのデータベースを利用してバーコーディングを行うには，Basic Local Alignment Search Tool（BLAST（ブラスト））により，同定したい菌類の塩基配列（クエリ配列）に対して，相同性の高いデータを検索すればよい（URL: blast.ncbi.nlm.nih.gov）．この他，Unified system for the DNA based fungal species（UNITE（ユナイト））は，植物根に関連する菌類を主とするデータベースである（URL: unite.ut.ee）．これらの URL は，いずれも 2017 年 7 月 3 日閲覧．

4)　メタゲノミクス

メタゲノム（metagenome）は，微生物の集団から得られるゲノム，すなわちさまざまな生物種のゲノムの混合物である．メタは「高次の」や「超越した」といった意味の接頭辞である．例えば，ひとすくいの土壌や湖水の中にはさまざまな微生物が生息しており，そこからさまざまな微生物に由来する DNA の

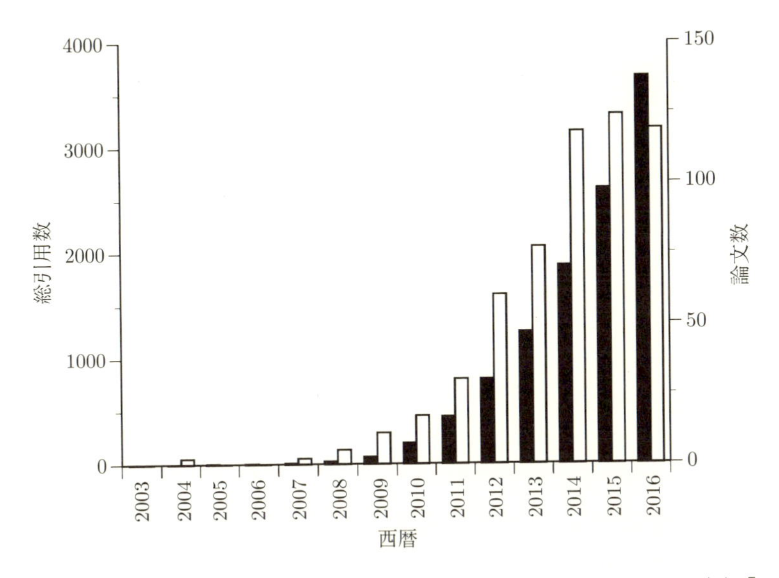

図 10-9 文献データベース Web of Science で，キーワードに「pyrosequencing」と「fungi」を入力してヒットする論文の総引用数（黒バー，左軸）と論文数（白バー，右軸）の推移．2017 年 6 月 30 日確認．

混合物を抽出することができる．このように，環境中に存在する微生物集団の DNA は特に**環境 DNA**（environmental DNA）とよばれ，ゲノムは**環境メタゲノム**（environmental metagenome）とよばれる．

このメタゲノムを扱う研究分野のことを，**メタゲノミクス**（metagenomics）とよぶ．メタゲノミクスは，次世代シーケンサー（next generation sequencer, NGS）を用いたパイロシーケンシング法（pyrosequencing）に代表される，DNA の多検体・大量並列シーケンシングの新手法の発展に支えられている．菌類生態学の分野でも，2009 年頃を境に急速に普及した（図 10-9）．

特に，大量の生物情報を情報科学の手法で解析する**バイオインフォマティクス**（bioinformatics）と組み合わせることで，メタゲノミクスで得られた大量の塩基配列データを対象としたバーコーディング，すなわち**メタバーコーディング**（metabarcoding）が行われている．この手法により，例えば，ハワイの固有樹種の生葉から 4,200 種超もの内生菌が検出されている（12-4 節を参照）．

これらの技術により，菌類の分離・培養を介さず，環境中の菌類DNAの混合物を直接，高速・網羅的に同定できる時代に突入しつつある．菌類の生態学は，新たな大量データ（ビッグデータ）の時代を迎えている．

5)　操作的分類群（OTU）

DNA分析により，多様な菌類の塩基配列を大量に得ることができる．これらさまざまな塩基配列には，同じ種に由来し，塩基配列が互いに100%一致するペアもあれば，例えば500塩基のうち5塩基（つまり，$5/500 \times 100 = 1\%$）が異なるペアや，あるいは別種であるためさらに多くの塩基が異なるペアも存在するかもしれない．

これらさまざまな塩基配列について，「ある一定の基準」で類似した複数の塩基配列を「同じ分類群」とみなすことで，何種類の菌類が含まれるのかを解析することができる．この「ある一定の基準」を，**相同性閾値**（similarity threshold）とよぶ．塩基配列の相同性に基づき，「同じ分類群」としてまとめられるものを，**操作的分類群**（operational taxonomic unit，略してOTU（オーティーユー））とよぶ．多数の塩基配列をOTUにまとめていく作業を，クラスタリング（clustering）という．

菌類OTUのクラスタリングにおける相同性閾値には，97%の値が一般に用いられる．上の例でいえば，比較対象とした500塩基のうち，97%にあたる485塩基以上が一致すれば，その2つの塩基配列は同じOTUに属する配列とみなされる．

さまざまな分類群の菌類の種で，ITS領域の塩基配列の変異（variation）が調べられている．同種の菌類の，異なるサンプル間で比べると，それらの塩基配列は平均で97%一致していた（Nilsson *et al.* 2008）．これが，相同性閾値97%が一般的に用いられる理由の1つである．

菌類の群集や多様性の解析では，ITS領域の塩基配列に対して相同性閾値97%でクラスタリングされたOTUが，リンネ式の分類階級でいうところの「種」と同等の分類学的な単位とみなされ，用いられる場合が多い（11-2節を参照）．ただし，種内変異のレベルは解析対象とする遺伝子マーカーや菌類の種ごとに異なるのが一般的である．よって，この相同性閾値やOTUの定義は，本来，遺伝子マーカーや対象とする菌類群ごとに設定されるべきである（図10-10）．

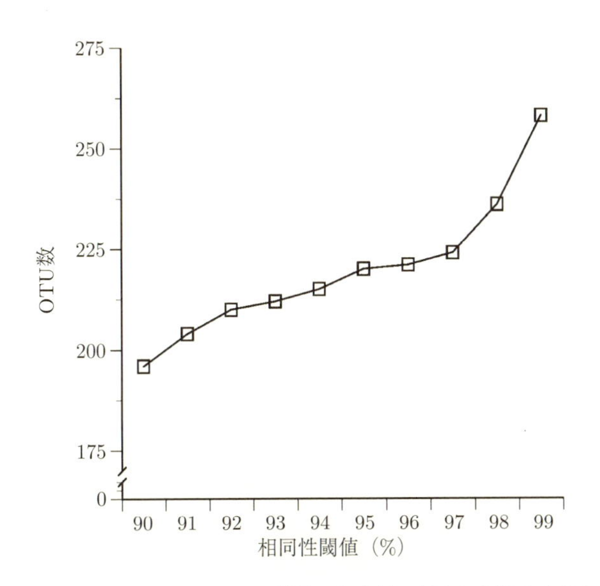

図 10-10　相同性閾値が OTU 数に及ぼす影響．熱帯林で採取した樹木生葉からメタゲノミクスにより検出された内生菌の DNA 配列データ（ITS 領域）に対して，相同性閾値を 90%から 1%刻みで 99%まで変化させた．同一のデータセットであるが，相同性閾値にともなって得られる OTU 数は増加し，97%を超えると急激に増加した．Osono（2014）より作図．

例えば，アオカビ属などでは，ITS 領域の相同性が 100%であっても，種同定ができない場合が多い．相同性閾値は，種を定義するためのものではなく，あくまで OTU を定義するために用いられることに注意が必要である．

 さらに勉強したい人のために

- 井口晃徳（2015）解読される微生物遺伝子（第 13 章）．暮らしに役立つバイオサイエンス（岩橋均・重松亨編），放送大学教育振興会．
- 衣川堅二（1988）きのこの実験法―培養を主として．築地書館．
- 小島久弥・広瀬大（2011）微生物生態学における分子生物学的手法（第 2 章）．微生物の生態学（大園享司・鏡味麻衣子編），共立出版．
- 中瀬崇（2010）微生物の操作と観察法（第 2 章）．IFO 微生物学概論（発酵

研究所監修)，培風館.
- D. サダヴァら（2014）カラー図解アメリカ版大学生物学の教科書，第4巻進化生物学．講談社ブルーバックス.
- 東樹宏和（2016）DNA情報で生態系を読み解く．共立出版.
- 鷲谷いづみ・後藤章（2017）絵でわかる生物多様性．講談社.

理解度チェッククイズ

10-1　表3-1は，直接観察法で調べられた，わが国の森林土壌に含まれる菌糸長のデータである．このうち京都で採取されたブナ落葉には，1グラム（乾燥重量）あたり平均で7,867メートルの菌糸が含まれていた．この菌糸が円筒形であると仮定して，ブナ落葉1グラムに含まれる菌糸の乾燥重量を算出せよ．ただし菌糸の直径を2マイクロメートル，菌糸の密度を1立方センチメートルあたり1.1g（新鮮重量），菌糸の新鮮重量に占める乾燥重量の割合を15%として計算せよ.

10-2　菌類のDNAバーコーディングやDNAメタバーコーディングの技術は，どのような環境問題の解決に貢献しうるだろうか．あなたの考えを述べよ.

BOX10-1　直接法による菌糸の定量

10-2節では，菌糸量の定量法を紹介した．このうち直接法では，菌糸を顕微鏡で直接観察することで定量化する．このとき観察手順を工夫することで，いくつかのタイプの菌糸を判別することが可能となる.

1)　暗色菌糸

土壌中の菌糸はそのほとんどが無色透明（hyaline）であり，光学顕微鏡の明視野では観察できない．透明菌糸は，酸性フクシンやアニリンブルーなどの色素や，フルオレセントブライトナー（fluorescent brightener，略してFB）

などの蛍光染色物質によって視覚化した上で計数する必要がある（図 3-4）.

光学顕微鏡の明視野では，細胞壁がメラニンの沈着により暗色化（dark-pigmented）した菌糸（暗色菌糸）が観察できる（図 3-3）．森林土壌で，暗色菌糸が全菌糸量（すなわち，透明菌糸＋暗色菌糸）に占める割合は，落葉広葉樹の落葉で 10〜30%，針葉樹の落葉で 40〜60%程度である．このため，明視野で暗色菌糸のみを観察した場合，全菌糸量が過小評価となる．

表 3-1 に示した全菌糸長のデータは，どれも透明菌糸と暗色菌糸を合わせた長さの値である．

2)　生菌糸

天然基物に含まれる菌糸の大部分は，細胞質を失い細胞壁のみが残存する中空の死菌糸である．このような菌糸は，ゴーストとよばれる．菌糸の生死の判別には，位相差顕微鏡によって細胞質の有無を判別する方法や，二酢酸フルオレセイン（fluorescin diacetate，略して FDA）やアクリジンオレンジ（acridine orange，略して AO）によって核酸物質を染色し，その有無を調べる方法が用いられてきた．

蛍光物質である FDA や AO で染色された菌糸量と，菌糸からの二酸化炭素放出量とのあいだには，正の相関関係が認められている．そのため，蛍光物質を用いて推定された生きた菌糸（生菌糸）の量は，菌類の代謝活性を反映する指標となる．森林土壌で，生菌糸量が全菌糸量（この場合，生菌糸量＋死菌糸量）に占める割合は 2〜3%で，多くてもせいぜい 10%程度である．これら生きた菌糸は，菌糸体のなかで活発に成長している先端部に集中的に分布している（3-2 節を参照）．

3)　かすがい連結を有する菌糸

菌糸は，種同定の手がかりとなる形態的な特徴に乏しい（10-1 節を参照）．しかし担子菌門のなかには，菌糸間の隔壁部分にかすがい連結とよばれる構造がみられる種が多く含まれる（3-2 節を参照）．かすがい連結は，核が隔壁を越えて細胞間で移動するときの通り道となる（図 3-4）．

かすがい連結の頻度は担子菌門の種によってさまざまであり，かすがい連結をまったくもたない種もいる．また，かすがい連結は二次菌糸にのみ認められ，一次菌糸ではみられない．よって，かすがい連結の有無のみに基づく担子菌類の菌糸量の測定は，過小評価となる．

森林土壌で，かすがい連結を有する菌糸が全菌糸量（この場合，かすがい連結を有する菌糸量＋かすがい連結を欠く菌糸量）に占める割合を測定した例はごく少ない．これまでに調べられた温帯林の例では，かすがい連結を有する菌糸の割合はゼロから数%と低いが，分解の進んだ落葉では約35%に達する場合もある．

4)　種特異的な菌糸の識別は可能か

抗原–抗体反応とよばれる現象を用いて，特定の菌類種に特異的なプローブを開発し，それに蛍光色素をつけることでターゲットとする種の菌糸のみを選択的に計数する方法が開発されている．この方法を用いて，落葉分解性の担子菌類であるニセチシオタケ *Mycena galopus* の菌糸に特異的な染色法の開発が試みられた．

1981年には，イギリスの研究者により，ニセチシオタケの細胞壁と細胞質を用いてポリクロナール抗血清が開発された．しかし，1985年に行われた免疫蛍光試験および免疫電気泳動試験の結果，これらが本種の菌糸にのみ特異的に結合するわけではないことが示された．その後，1997年には，本種の菌糸に対して，より特異性の高いモノクロナール抗体が開発された．この抗体は，野外のリター中に含まれる本種の菌糸を特異的に同定しうることが確認された．しかし，このようなプローブの開発には手間とコストがかかる．そのため，これまでのところ，ニセチシオタケ以外の落葉分解菌には適用されていない．最近では，分子生物学的手法の進展を背景に（10-3節を参照），DNAをターゲットにした種特異的な定量手法の開発が進められている．

BOX10-2　DNAの構造

DNAは，ヌクレオチドとよばれる構成単位が多数，鎖状に結合した高分子化合物である．ヌクレオチドは，リン酸と，糖であるデオキシリボース，お

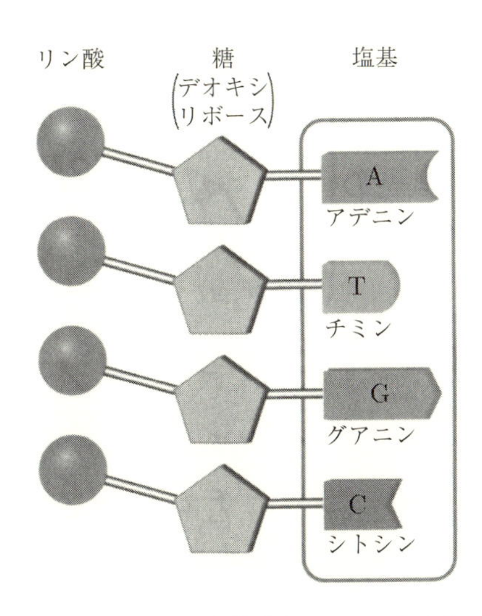

図 10-11 DNAを構成するヌクレオチド.

よび塩基からなる．塩基にはアデニン（A），グアニン（G），シトシン（C），チミン（T）の4種類がある．カッコ内のアルファベットは，それぞれの塩基を表す略号である．

ヌクレオチドには，A・G・C・Tの4種類の塩基のうち，いずれか1種類が含まれる．よって，ヌクレオチドには，A・G・C・Tで区別される4種類が存在する（図10-11）．

DNA分子のなかで，ヌクレオチドは直線状に重合している．そのため，DNA分子に含まれる塩基の並び，すなわち配列は，例えば「ATGCCG…」といったように，4種類の塩基（の略号のアルファベット）が一列に並ぶ，テキストデータとして記述することができる．

DNAは，糖とリン酸が交互につながった2本のヌクレオチド鎖から構成されている．この二本鎖は全体にねじれてらせん状となっている．これを，DNAの二重らせん構造という．二本鎖の内側に突き出した塩基のAとT，CとGが互いに対になるように水素結合して，**塩基対**（base pair）を作る．ヌクレオチド鎖の片方の塩基の並び，すなわち塩基配列が決まれば，もう一方の塩基配列が自動的に決まる．これを，塩基配列の相補性という．

細胞分裂のとき，母細胞のDNAはまったく同一のDNAに複製され，娘細胞に分配される．DNA が複製されるときには，もとの DNA の 2 本のヌクレオチド鎖がそれぞれ鋳型となり，相補的な塩基配列をもつヌクレオチド鎖が新たに作られる．このような複製方法を，半保存的複製という．この相補的なヌクレオチド鎖の合成には，DNA ポリメラーゼという酵素が関わっている．

第11章 菌類の多様性解析法

生物群集とは，ある区画や基物上に生息するさまざまな生物種の集団をまとめて捉えたものである．菌類群集は，担子菌類群集や大型菌類群集，あるいは菌根菌群集や落葉分解菌群集などと，分類群や生態機能群を限定して評価する場合が多い．

これらさまざまな菌類群集を対象に，その多様性を定量化するための手法が開発されている．菌類の多様性が維持されるメカニズムの解明や，環境変動下における菌類多様性の動態の理解において，不可欠のツールとなっている．本章では，菌類群集の多様性解析に適用されている定量化手法について概説する．

11-1　菌類の多様性評価法

1)　群集データマトリクス

群集（community）とは，ある区画や基物上に生息するさまざまな生物種の集団をまとめて捉えたものである．**菌類群集**（fungal community）をはじめとする生物群集は，そこに何種が含まれるのか（種数）と，どのような種が含まれるのか（種組成）の2つの側面により記述される．

生物群集は，**群集データマトリクス**（community data matrix）の形式で表現される．群集データマトリクスを構成するのは，調査対象となる複数の区画や基物におけるインシデンスや，アバンダンスなどに関する情報である（表11-1）．

菌類群集の調査では，ほとんどの場合，種組成と，それぞれの種のアバンダンスやバイオマスを，単一の方法によって同時に明らかにするのは困難である

表 11-1　群集データマトリクス．

(a) 在データ

	群集 A	群集 B	群集 C	群集 D
種1	–	1	1	–
種2	–	–	1	–
種3	1	–	–	1

(b) 在/不在データ

	群集 A	群集 B	群集 C	群集 D
種1	0	1	1	0
種2	0	0	1	0
種3	1	0	0	1

(c) 連続値データ

	群集 A	群集 B	群集 C	群集 D
種1	0	9	2	0
種2	0	0	8	0
種3	3	0	0	5

菌類群集の場合，出現情報に基づいて，(a) 在データ，(b) 在/不在（二値）データ，(c) 連続値データに区分される．(a) 採取報告や博物館に保管された菌類標本など，当該種の出現記録に基づく．当該種が他の場所で不在か否かについては不明であり，表中ではハイフンで示す．(b) 出現の有無の情報に基づく．表中では出現を 1，不在を 0 で示す．(c) 菌糸量やコロニーサイズ（バイオマス），コロニー数（アバンダンス），出現した区画や基物の数（インシデンス）などに基づく．

(10-1 節を参照)．菌糸体の占有面積（コロニーの大きさ）としてバイオマスを定量する，コロニーの数（アバンダンス）として定量する，あるいは，一定数の区画や基物などにおける在・不在に基づく出現区画数や出現基物数，およびそれらの出現数の頻度をインシデンスとして定量することが多い．

現実には，ある森林で採取した土壌ブロック 20 個のうち菌類種の観察されたブロック数や，落葉 50 枚のうち菌類種の出現が認められた枚数，などによる定量例がほとんどである．これらの観察数や出現数を，**出現頻度**（frequency）として%で標準化することもある．これらの場合，得られるのは観察回数や出現回数などのインシデンスのデータだが，記録される元の情報自体は在/不在の情報であり，個々の区画や基物におけるバイオマスやアバンダンスは考慮され

表 11-2　2 つの仮想的な菌類群集の比較.

菌類種	群集 A	群集 B
種 1	96	20
種 2	1	20
種 3	1	20
種 4	1	20
種 5	1	20
合計	100	100
種の豊富さ（S）	5	5
シンプソンの多様度指数（D）	1.08	5.00
均等度（E）	0.22	1.00

数字はインシデンス（ここでは観察回数）を示す．種の豊富さを S とする．シンプソンの多様度指数 $D = 1/\Sigma P_i^2$、ただし P_i は種 i の相対優占度．均等度 $E = D/S$.

ていない点に注意が必要である．

2)　種の豊富さと均等度

対象とする区画や基物において記録された菌類の種多様性は，**多様度指数**（diversity index）により表現される．多様度指数としては，シャノン（Shannon）の多様度指数（H'）や，シンプソン（Simpson）の多様度指数（D）がよく用いられる．これらの指数については，11-2 節で改めて説明する．

これらの多様度指数は，**種の豊富さ**（species richness）と**均等度**（evenness）の 2 つの要素から成り立っている．種の豊富さは，種が多いか少ないかという種数の大小であり，もっとも簡便な多様性の定量手法である．ただし種の豊富さには，それぞれの種がもつアバンダンスやインシデンスの情報が反映されない．これに対して，均等度は，群集を構成する種間でのアバンダンスやインシデンスの比率も考慮した指数である．

例えば，2 つの仮想的な菌類群集を比べてみよう（表 11-2）．合計の観察回数はいずれも 100，種の豊富さ（種数）はいずれも 5 種で，どちらも同じである．しかし各種の観察回数を比べると，群集 A では特定の 1 種がもっぱら観察されているのに対し，群集 B では 5 種が均等に観察されている．このため均等度は群集Bのほうが高く，群集Aよりも多様度指数が高い．

多様度指数における均等度の寄与は，森林における樹種組成で例えるとイメージしやすいだろう．例えば，森林Aでは樹木100本のうち96本がスギであり，アカマツ，ヒノキ，コナラ，ブナは1本ずつしかない．一方，森林Bでは同じ100本であるが，この5樹種が20本ずつ存在する．この2つの森林を比べると，森林Bよりも森林Aのほうが単調で，多様性が低いことは明白である．

菌類群集は肉眼で見えないことが多いので，このような量的な違いを直感的に理解しにくいかもしれない．しかし森林の例と同様に，菌類の種多様性も，種の豊富さと均等度という2つの異なる要素から成り立っている．ここで紹介したように，菌類のインシデンスのデータを多様度指数の計算に用いることも可能である．

3)　種多様性の空間性

現実的には，生物の分布には何らかのパターンが認められるのが普通である．生物は，幅広い空間において遍在，あるいは局在しているためである．このため，種多様性は，対象とする空間的なスケールや，空間の階層性に依存することが知られている．種多様性を考える上で，その空間性に注意を払う必要がある．

1つ1つの区画や基物における群集を，**局所群集**（local community）とよぶ．この局所群集の種多様性が高い場合であっても，それを含むより大面積の区画や，より多数の基物を対象とした群集全体で種多様性が高いとは限らない．なぜなら，いくつかの局所群集をまとめた群集全体での種多様性は，局所群集の種多様性と，局所群集のあいだにみられる種組成の違いを合わせたものになるからである．すなわち，局所群集の種多様性が高くても，局所群集のあいだで種組成が類似していれば，全体での種多様性は高くならない．逆に，局所群集のあいだで種組成が似ていなければ，全体での種多様性はより高くなるだろう．

この局所群集における種多様性を **α 多様性**，局所群集のあいだでの種組成の違いを **β 多様性**，そして，対象とする群集全体での種多様性を **γ 多様性**とよぶ（図11-1）．

β 多様性は，局所群集のあいだの種組成の非類似度として定義される．β 多様性の指標として，ブレイ・カーティス（Bray-Curtis）指数やジャカード（Jac-

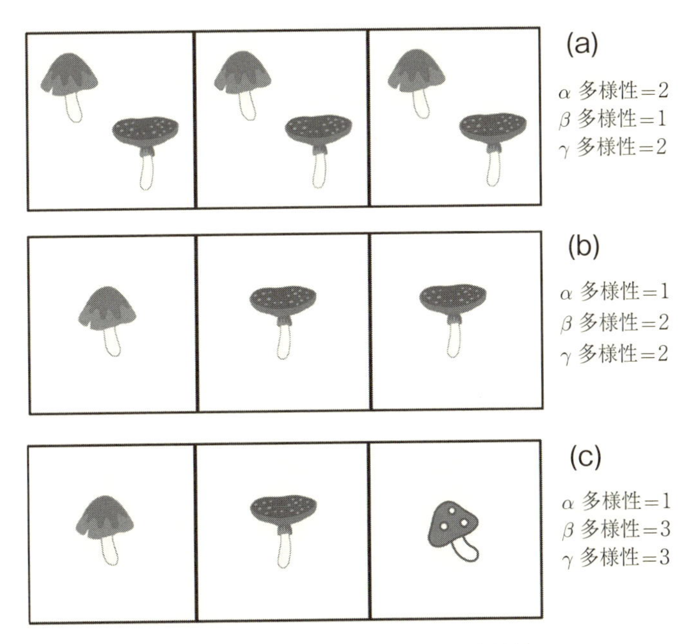

図 11-1　α 多様性，β 多様性，γ 多様性.

card）指数などがよく用いられる．これらの β 多様性指数は，対象とする局所群集どうしの総当たりで計算される．すなわち局所群集の数を N とすると，$N \times (N-1)/2$ 個の β 多様性指数が算出されることになる．

β 多様性によって要約される菌類種の分布パターンは，入れ子構造，チェッカー盤，種の置き換わり，無作為な構造，の 4 タイプに類別される（表 11-3）．入れ子構造（nestedness）では，種数のより少ない群集組成が，種数のより多い群集組成の部分集合となる．チェッカー盤（checkerboard）では，群集間での種の分布が相補的になっている．種の置き換わり（species turnover）では，群集ごとにいくつかの種が別の種に置き換わる．これら 3 つのどのタイプにも当てはまらず，分布に規則性の認められない場合には，無作為な構造とよばれる．実際の群集は，これら 4 タイプのいずれかに該当するというより，1 つ，ないし複数のタイプの特徴をあわせもつ場合が多い．

N が多くなるにつれて，β 多様性指数の計算結果も飛躍的に多くなり，局所

表 11-3　種の分布パターンにみられる4タイプ．1は出現あり，0は出現なし．佐々木（2015）より作成．

（a）入れ子構造

	群集 A	群集 B	群集 C	群集 D
種 1	1	1	1	1
種 2	1	1	1	1
種 3	1	1	1	1
種 4	1	1	1	0
種 5	1	1	1	0
種 6	1	1	0	0
種 7	1	1	0	0
種 8	1	0	0	0
種 9	1	0	0	0
種 10	1	0	0	0

（b）チェッカー盤

	群集 A	群集 B	群集 C	群集 D
種 1	1	0	1	0
種 2	0	1	0	1
種 3	1	0	1	0
種 4	0	1	0	1
種 5	1	0	1	0
種 6	0	1	0	1
種 7	1	0	1	0
種 8	0	1	0	1
種 9	1	0	1	0
種 10	0	1	0	1

（c）種の置き換わり

	群集 A	群集 B	群集 C	群集 D
種 1	1	0	0	0
種 2	1	1	0	0
種 3	1	1	0	0
種 4	0	1	1	0
種 5	0	1	1	0
種 6	0	0	1	1
種 7	0	0	1	1
種 8	0	0	0	1
種 9	0	0	0	1
種 10	0	0	0	1

（d）無作為な構造

	群集 A	群集 B	群集 C	群集 D
種 1	0	1	0	0
種 2	1	0	1	1
種 3	1	1	0	0
種 4	0	0	1	1
種 5	0	1	0	0
種 6	1	1	1	1
種 7	1	0	0	1
種 8	1	0	0	0
種 9	0	1	1	0
種 10	0	0	1	1

群集どうしの類似性のパターンを全体的に解釈することが難しくなる．そのような場合，非計量多次元尺度構成法（non-metric multidimensional scaling, NMDS）などを用いて局所群集を二次元平面上にプロットすれば，群集どうしの関係を視覚化できる．このプロットでは，種組成が比較的似ている（β 多様性が低い）局所群集どうしが近くに，種組成が比較的似ていない（β 多様性が高い）局所群集どうしが遠くに配置される（図 11-2）．NMDS プロットで見られた種組成の違いに統計的な意味があるのか否かについては，permutation multivariate analysis of variance（PerMANOVA）により評価できる（東樹

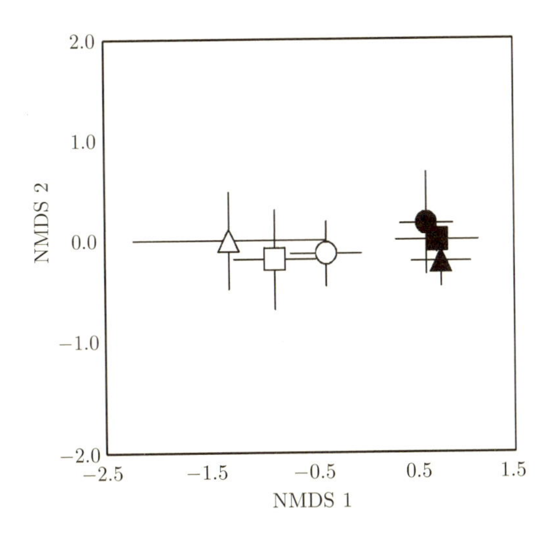

図 11-2　NMDS プロット．北海道知床の羅臼岳における外生菌根菌群集．標高 200 メートル（○），400 メートル（△），600 メートル（□），800 メートル（●），1,000 メートル（▲），1200 メートル（■）のそれぞれに 10 区画，合計 60 区画を設置し，各区画から採取した外生菌根のメタゲノミクスにより菌類群集を評価した．各標高クラスの 10 区画の平均値をシンボルで示し，バーは標準偏差．外生菌根菌群集の種組成は，標高 600 メートル以下と，800 メートル以上で，大きく分かれた．Matsuoka *et al.*（2016）より．

2016）．

4)　希薄化曲線

森林の林床には，おびただしい枚数の落葉が存在している．そのすべてについて局所菌類群集を調べて，林床全体における落葉分解菌の γ 多様性を実測することは事実上，困難である．この場合，一部の落葉を無作為にサンプリングして α 多様性を実測し，その結果から γ 多様性を推定するのが現実的である．

通常，対象となる区画や基物などのサンプルを調べれば調べるほど，菌類種が新たに出現し，サンプル全体での出現種の総数，すなわち γ 多様性は増えていくことが期待される．しかし β 多様性が低いとき，つまり，どの区画や基物にも似たような種の菌類ばかりいるときには，菌類種の新たな出現は頭打ちになり，それ以上サンプルを調べても新たな種はほとんど追加されないかもしれ

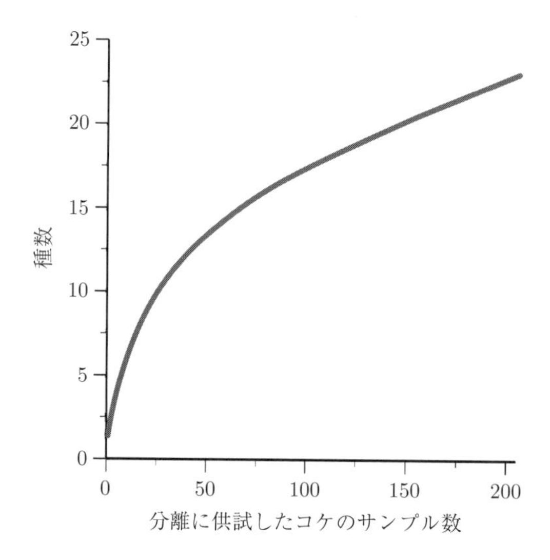

図 11-3　希薄化曲線．南極で採取したコケ層から分離された菌類の種多様性．コケのサンプル数が増えるに従って，得られる種数は増加傾向にある．Hirose *et al.*（2016）より作図．

ない．

いずれにせよ，サンプリング努力（調査努力，ここではサンプル数）は γ 多様性に影響する．γ 多様性を推定するために，サンプリング努力とそれにより観察される種数の関係を図示したものが，**希薄化曲線**（rarefaction curve）である．

ここでいうサンプリング努力は，調査する区画数や基物数でもいいし（図 11-3），菌類子実体の調査面積でもよい．次世代シーケンサーを用いたメタゲノミクスで得られる DNA 断片数に対して（10-3 節を参照），操作的分類群（OTU）数がどう変化するのかを調べるのにも用いられる（図 11-4）．

この希薄化曲線は，「サンプル数が増えるに従って種数がどのように増えるか」を表す．群集全体のなかで，低位種，すなわちアバンダンスやインシデンスの少ない種が多い場合，新たなサンプルを調べれば調べるほど，新たに記録される種が出現する確率は高くなる．このため，この希薄化曲線は右肩上がりとなる．一方，群集に占める低位種の比率が少ない場合には，新たなサンプル

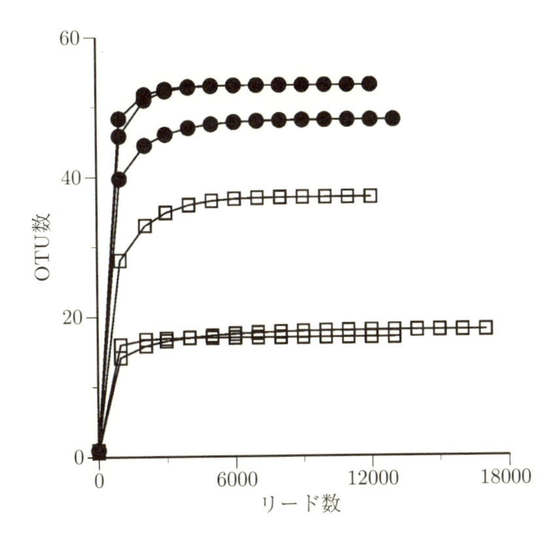

図 11-4　希薄化曲線．沖縄の亜熱帯林で採取した生葉からメタゲノミクスにより検出された内生菌の OTU 多様性．スダジイ（□）とイジュ（●），各 3 サンプル．DNA のリード数が増えるに従って，OTU 数は増加傾向にあるが，いずれのサンプルでも約 5,000 リードで OTU 数は頭打ちになった．Osono（2014）より作図．

を調べても，すでに記録した種が再び出てくる可能性が高い．このため，希薄化曲線は次第に頭打ちとなる．

これら低位種のうち，アバンダンスが 1 個体，あるいはインシデンスが 1 回などの種は，**シングルトン**（singleton）とよばれる．同様に，アバンダンスが 2 個体やインシデンスが 2 回の種はダブルトン（doubleton）とよばれる．菌類群集に含まれるシングルトンやダブルトンの割合が，希薄化曲線の形状や，γ 多様性の推定値に大きく影響する．

11-2　菌類多様性の多面的な評価

1)　分類学的多様性

11-1 節では，分類学的な基本単位である「種」の豊かさを種多様性として評価してきた．種に相当するものとして，塩基配列の解析結果に基づいて定義さ

表 11-4　亜熱帯林，温帯林，亜高山帯林において落葉分解に関わる大型菌類群集の多様性.

	亜熱帯林	温 帯 林	亜高山帯林
分類学的多様性			
種の豊富さ（S）	35	25	18
シンプソンの多様度指数（D）	7.68	4.47	4.86
均等度（E）	0.22	0.18	0.27
系統的多様性（クヌギタケ属菌）			
系統樹の枝長の総和（Faith's PD）	1.94	0.60	0.76
種間の系統的距離の平均値（MPD）	0.27	0.18	0.17
各種とそのもっとも近縁な種の系統的距離の平均値（MNND）	0.18	0.14	0.12

データは Osono（2015a）による．多様度指数は佐々木ら（2015）に基づく．クヌギタケ属の系統的多様性は，図 11-6 の系統樹に基づいて求めた.

れる操作的分類群（OTU）の豊かさを扱う場合も多い（10-3 節を参照）．種やOTU といった分類学的な単位に基づく多様性の評価は，簡便で，直感的にも理解しやすい.

亜熱帯林，温帯林，亜高山帯林で落葉分解に関わる大型菌類群集の例を挙げる（表 11-4）．それぞれの森林で 2×2 メートルの小区画を 125 個設置し，各菌類種の子実体がそのうち何個の小区画から出現したのかを記録した.

観察された種数（種の豊富さ）は気候が温暖な森林ほど多く，亜熱帯林で 35 種，温帯林で 25 種，亜寒帯林で 18 種だった．種ごとに得られた，出現した区画数（インシデンス）のデータをもとに求めたシンプソンの多様度指数は，亜熱帯林で高かった．同様にして求めた均等度は，3 つの森林で似たような値となった.

各菌類種のアバンダンスやバイオマス，インシデンスが，群集全体での総量に占める割合は，**相対優占度**（relative importance value）とよばれる．菌類群集におけるアバンダンスやバイオマス，インシデンスの構造を図式化したものが，**相対優占度曲線**である（図 11-5）．横軸に相対優占度による種の順位を，縦軸にその種の相対優占度をプロットする．相対優占度曲線が横に長く伸びているほど種数が多いことを表し，曲線の傾きが緩やかなほど均等度が高いことを表す.

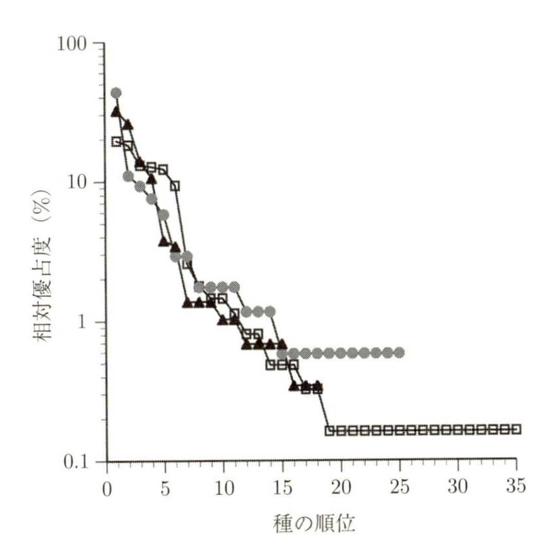

図 11-5　落葉分解に関わる大型菌類群集の相対優占度曲線．表 11-4 と同じデータ．亜熱帯林（□），温帯林（●），亜高山帯林（▲）．Osono（2015a）より作図．

2)　機能的多様性

群集に含まれる種は，種の有する**形質**の点で，多かれ少なかれ互いに類似している．形質は，文字通り，生物のもつ形や性質である（2-1 節を参照）．菌糸や胞子の形やサイズといった表現型の形質にみられる特徴や，寄生・共生・腐生といった生態機能，あるいは分解活性や病原性，宿主特異性などの特徴は，まとめて**機能形質**（functional trait）とよばれる（表 11-5）．これらの機能形質を加味した群集の多様性は，**機能的多様性**（functional diversity）として定量化される．

例えば，群集に含まれる種数は同じだが，形質が似通った菌類種が多く含まれる群集と，形質が互いに異なる菌類種が多く含まれる群集があったとする．両者を比較すると，後者，すなわち種間での形質の類似性が低い群集のほうが，機能的には多様といえる．

機能的多様性では，種を形質の違いに基づいて表現する．機能的多様性の指標として，群集における種が占める形質値の範囲（functional range）や，形質の違いに基づいて構築した樹状図（デンドログラム）の枝の長さの総和（functional

表 11-5　菌類の機能形質の例．Aguilar-Trigueros *et al.*（2015）より作成．

形質	測定項目
1. 生活史	
寿命	栄養構造と休眠構造の存続，子実体の存続，環境中における遺伝子型の存続，代謝活性のある期間の長さ，繁殖までの時間
繁殖・分散	胞子の直径，胞子生産（成長期における菌糸体の単位量・単位面積・単位長あたり形成される胞子の数），繁殖器官の特殊化（散布体の乾燥状態，移動性，粘度，子実体の大きさ，子実体形成の頻度・フェノロジー），媒介者，有性生殖・無性生殖の有無，体細胞和合性
散布体の生存	散布体の種類（胞子か栄養菌糸か），胞子の細胞壁の厚さ・壁数，菌糸の細胞壁の厚さ・組成，休眠期間，菌糸体の単位量・単位面積・単位長あたり形成される休眠構造の数，発芽率
2. 形態的形質	
菌糸体の構造	菌糸長あたりの分枝頻度，分枝角度，分枝次数，側方への二叉分枝，根状菌糸束・菌糸束の長さと太さ，菌糸の探索型，フラクタル次元，
コロニー/個体群の大きさ	コロニーの大きさ（菌糸量，菌糸長，リン脂質，コロニー形成単位，最大菌糸成長速度，コロニーの成長具合），分子マーカーに基づく個体群サイズ（増幅断片長多型，マイクロサテライト）
3. 生理的形質	
栄養吸収	酵素活性（セルラーゼ，リグニナーゼ，オキシダーゼ，ホスファターゼ，キチナーゼ，プロテアーゼ），イオン輸送・アクアポリン，イオン吸収に特化した分泌物（キレート剤，シデロフォア）
菌糸体成分	栄養分の濃度，ストイキオメトリー（C:N:P），脂質量，貯蔵構造，非酵素的成分の生産（ホルモン，抗生物質，ハイドロフォビン，結晶，メラニン），細胞壁の厚さ，菌糸直径
ストレス耐性	成長可能な温度域，環境傾度に対する反応基準

dendrogram）などがある．これらの指標の計算には，群集データマトリクスと，それに対応する種の形質データの両方が必要である．考慮する形質は1種類でも，複数でもよいが，いずれかによって適用可能な指標が異なる．

一般に，機能的多様性の高い群集，例えば生態機能が互いに異なる菌類種が多く含まれる群集ほど，撹乱によって群集に含まれる種が消失しても，群集の発揮する機能は損なわれにくい．逆に，機能的多様性が低い群集，例えば生態機能が互いに異なる菌類種が少ない群集では，種の消失によって機能性が損なわれやすく，撹乱に対して脆弱といえる．群集に含まれるいくつかの種の機能が類似している場合，**機能的冗長性**（functional redundancy）が高いという．機能的に冗長な種の消失は，群集全体の機能にあまり影響を及ぼさないといえる．

3)　系統的多様性

群集に含まれる種はそれぞれ，系統，すなわち進化の道すじに関する情報を有する（2-1 節を参照）．任意の種のペアは，互いに近縁だったり，逆に遠縁だったりする．この系統情報を加味した群集の多様性は，**系統的多様性**（phylogenetic diversity）として定量化される．機能的多様性では形質の違いにより種の違いを表現したのに対し，系統的多様性では系統的な違いにより種の違いを表現する．

生物の系統関係を図式化したものが，**系統樹**（phylogenetic tree）である．系統樹には，有根系統樹と無根系統樹の 2 つの表現方法がある．このうち有根系統樹では，祖先種から現存種が枝分かれをくり返して出現するパターンが，樹木の形になぞらえて図式化される．解析対象としている分類群全体の祖先は根（root），分岐点はノード（nodes）とよばれる．それぞれの種は，系統樹の末端に葉（tips ないし leaves）として配置される．ノードや葉は，枝（branch）によって連結される（図 11-6）．有根系統樹から根を除いて得られるのが，対象生物どうしの関係を重視した無根系統樹である．

群集に含まれる，ある 2 種の系統的な距離は，各々の葉から両者がつながるノードに至るまでの枝の長さ（branch length）の合計で表される．近年では，分子生物学的手法の発達にともない，菌類の塩基配列データが容易に得られるようになると同時に，データベースに登録されたデータも利用しやすくなっている（10-3 節を参照）．この塩基配列データをもとに作成した**分子系統樹**（molecular phylogenetic tree）が，系統的多様性の定量化によく用いられている．

菌類の系統的多様性を定量する指標にはいくつかあるが，いずれも系統樹の枝の長さの総和として表される．系統樹の枝長の総和（Faith's PD，PD は phylogenetic diversity の頭字語），種間の系統的距離の平均値（mean phylogenetic distance，略して MPD），各種とそのもっとも近縁な種の系統的距離の平均値（mean nearest neighbor distance，MNND）などが，系統的多様性の指標の

図 11-6　クヌギタケ属 32 種の分子系統樹．リボゾーム DNA の ITS 領域の塩基配列データに基づいて近隣結合法により作成した．外群にシラウメタケモドキ属の 1 種 *Hemimycena ochrogaleata* を用いた有根系統樹．サンプルの由来をシンボルで表す．亜熱帯林（□），温帯林（●），亜高山帯林（▲）．ノードの数値はブートストラップ値とよばれ，系統関係が再現できる確率を示す．本系統樹のブートストラップ値は全体的に低い．Osono（2015a）より作図．

例である．MPD は系統樹全体の形に注目した指標であり，MNND は系統樹のなかでも葉に近い末端の情報に注目した指標といえる．

例として，3 気候帯の大型菌類群集で優占するクヌギタケ属について系統樹を作成した（図 11-6）．その系統樹に基づいて，系統的多様性を定量化した（表

11-4)．今回対象とした3つの群集について，Faith's PDとMPD，MNNDの3指標で比較したところ，クヌギタケ属の系統的多様性は，温帯林と亜高山帯林よりも亜熱帯林で高かった．

系統的多様性が比較的低い群集は，より近縁な種からなるが，それらの種は形質が比較的類似していることが予想される．このため，系統的多様性を機能的多様性の代用指標として解釈する場合もある．もちろん，系統関係を反映しない機能形質もあることが予想されるため，その解釈には注意が必要である．

11-3　菌類の群集集合と環境要因・空間要因

1)　環境要因と菌類群集

生物群集が形成されることを，**群集集合**（community assembly）とよぶ（松岡・大園 2018）．菌類の場合，群集集合の決定要因として，**環境要因**（environmental factor）の重要性が古くから注目されてきた．これは，住み場所の環境条件が，菌類の種数や種組成を決定するという考え方である．環境要因は**ニッチ要因**（niche factor）ともよばれ，気温や降水量といった無機的（非生物的）な要因と，宿主や競争者といった生物的な要因がある．

環境要因が菌類群集に及ぼす影響の例として，**環境フィルタリング**（environmental filtering）と**競争排除**（competitive exclusion）がある．環境フィルタリングは，住み場所の環境がある菌類種の生育にとって不適であれば，その種はそこに定着できないことを指す．競争排除は，ある菌類種が住み場所に定着できる場合でも，その環境条件によりよく適合した他種がいた場合，その種との競争によって住み場所から排除されることを指す．

これらのプロセスを通じて，住み場所ごとの環境に適した種からなる菌類群集が形成される．このため，環境が似ている住み場所では，互いに類似した菌類群集が形成されることが示唆される．環境条件はしばしば，空間的に近い住み場所でよく類似する．そのような場合には，住み場所が空間的に近いほど，菌類群集も類似することになる．

環境要因と群集データとの関連性は，**マンテル検定**（Mantel test）により解析できる．菌類の局所群集間の非類似度（β 多様性）は，群集の組み合わせの数，つまり $N \times (N-1)/2$ 個だけ得られる（11-1 節を参照）．同様に，環境データについても地点間の距離の形式に変換しておく．そうすることで，β 多様性の距離行列と，環境要因の距離行列とのあいだで，Mantel の相関係数が求められる．

2) 空間要因と菌類群集

野外の生物群集では，環境要因だけでは説明できない**空間構造**（spatial structure）がしばしば認められる．例えば，環境が似ているわけではないのに，空間的に近い住み場所のあいだで菌類群集が似ていることがある．環境要因では説明できない空間構造を生み出す要因を，**空間要因**（spatial factor）とよぶ．住み場所が地理的に近いとき，それらの菌類群集も類似する，すなわち β 多様性が低い現象は，**空間的自己相関**（spatial autocorrelation）とよばれる．

環境要因の場合と同様に，群集の採取地点に関する地理的な情報があれば，総当たりの組み合わせで地点間の空間的な距離が求められる．この空間要因の距離行列と，菌類の局所群集間の非類似度（β 多様性）の距離行列とのあいだで，マンテル相関係数が求められる（図 11-7）．

分散制限（dispersal limitation）は，空間要因の一例である．一般に，生物の分散能力は限られている．生物の子どもは，親の近くに存在する確率が高く，親から遠ざかるほど子どもの存在する確率は低くなる．その結果，環境条件に関わらず，空間的に近い住み場所のあいだで群集組成が類似するという空間構造が生じる．

分散制限が群集集合に強く影響している場合，ある生物種にとって好適な環境が遠くにあったとしても，その住み場所に到達できない場合や，到達に時間がかかる場合もある．つまり，群集集合には，過去の分散や移動の履歴が反映されうる．

群集集合における空間要因の重要性は，動物や植物において実証されてきた．一方，菌類では，群集集合に分散制限はほとんど影響しないという考え方が優勢であった．散布体はサイズが小さいほど遠くまで分散できるので，一般に有性胞子や分生子などの小型の散布体を大量に生産する菌類では，分散制限がか

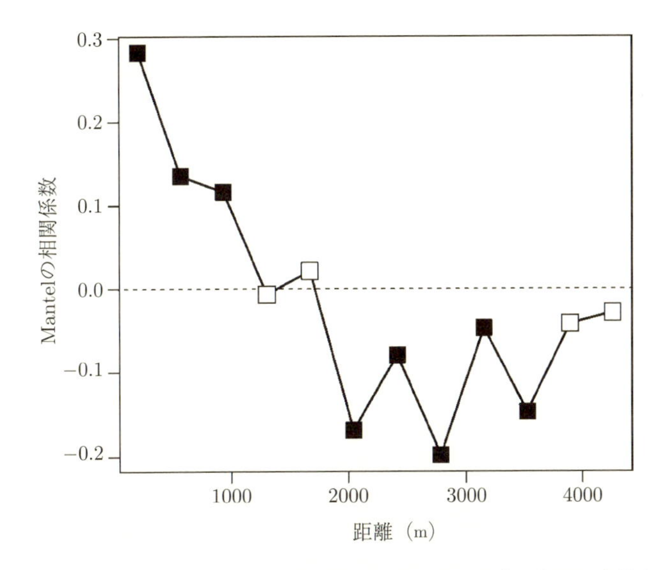

図 11-7 北海道知床の羅臼岳における外生菌根菌群集の空間的自己相関．危険率 5%で統計的に有意な Mantel 相関係数が■で示されている．調査区画間の距離にして 936 メートル以下，標高差にして 200 メートル以内の範囲で，菌類群集の正の空間的自己相関（正の Mantel 相関係数）が得られた．Matsuoka *et al.*（2016）より作図．

かりにくいというわけだ．確かに，菌類には世界中に分布する**汎分布種**（コスモポリタン，cosmopolitan）が多く含まれる．

しかし 1990 年代後半を境に，菌類群集でも強い空間構造が認められることが示されてきた．これには，菌類の塩基配列に基づく分子系統解析が普及し始めたことも関わっている（10-3 節を参照）．例えば，従来はコスモポリタンと考えられてきた菌類種に複数の系統が含まれ，かつ各系統の分布は地理的な構造をもつことなどが明らかにされている（Salgado-Salazar *et al.* 2013）．

3) 環境要因と空間要因の相対的重要性

野外の菌類群集では，環境要因と空間要因が同時に群集集合に影響している．菌類の群集集合を考える上で，環境要因のみならず，菌類群集の空間構造や，空間要因の影響を考慮する必要がある（松岡・大園 2018）．

実際の群集データを解析する際，β 多様性と環境要因の距離行列とのあいだ

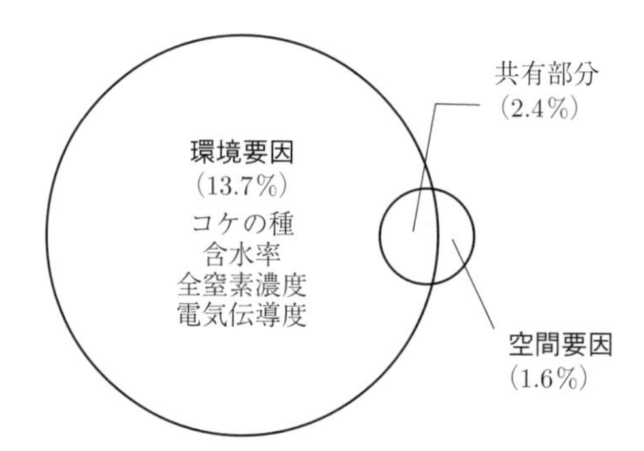

図 11-8　分散分割法による解析例．南極で採取したコケ層から分離された菌類の群集組成のばらつきに対する，環境要因と空間要因の相対的重要性．環境要因の説明力（13.7%，共有部分を除く）が，空間要因の説明力（1.6%，共有部分を除く）を大きく上回っていた．群集組成に影響する環境要因として，コケの種と，コケ組織の含水率，全窒素濃度，電気伝導度がモデルにより選択された．共有部分は，調査地点間の空間距離にともなって環境要因の違いも大きくなっていた部分，つまり，空間構造をもった環境要因の説明力．Hirose *et al.*（2016）より作図．

に関連性がある場合，偏マンテル検定（partial Mantel test）とよばれる解析を実行すれば，環境要因の距離行列の影響を除去した上で，β 多様性と空間変数とのあいだの関連性を調べることができる．β 多様性と空間要因の距離行列とのあいだに関連性がある場合も，同様の偏マンテル検定で空間要因の距離行列の影響を除去した上で，β 多様性と環境変数とのあいだの関連性を調べることができる．

菌類の群集集合における，環境要因と空間要因の相対的な重要性を推定する方法も提案されている．直接傾度分析による**分散分割**（variation partitioning）とよばれる解析手法である．この分散分割法では，観察された菌類群集の空間的な違い（分散）を，環境変数の違いにより説明される部分と，空間距離により説明される部分とに分割する．これにより，環境要因と空間要因の寄与率が分離される（図 11-8）．

これらの解析手法は，気候傾度や標高傾度といった空間軸や，分解にともなう菌類遷移といった時間軸に沿って得られた菌類の群集データマトリクスに適用できる．これにより，菌類群集の空間的・時間的なパターンを生み出す制限要因について理解を深めることができるだろう．その結果に基づいて，将来的な環境変化に対する菌類群集の応答を予測することも可能である．

 さらに勉強したい人のために

- 松岡俊将・大園享司（2018）気候変動による森林の変化と菌類への影響（第7章）．森林と菌類（升屋勇人・滝久智編），共立出版．
- 佐々木雄大ら（2015）植物群集の構造と多様性の解析．共立出版．
- 東樹宏和（2016）DNA 情報で生態系を読み解く．共立出版．

 理解度チェッククイズ

11-1　下記は北海道の亜寒帯林と京都の温帯林で得られた，クロサイワイタケ科内生菌の群集データマトリクスである（Ikeda *et al.* 2014）．数字は，各森林で分離された菌株数である．このデータをもとに，この 2 つの菌類群集の OTU の豊富さ（S），シンプソンの多様度指数（D），均等度（E）を，表 11-2 の式

OTU 番号	属名	亜寒帯林	温帯林
1	*Nemania*	0	90
2	*Xylaria*	0	67
7	*Biscogniauxia*	0	33
11	*Muscodor*	0	9
19	*Xylaria*	0	3
4	*Annulohypoxylon*	0	2
21	*Biscogniauxia*	0	2
23	*Biscogniauxia*	0	2
25	*Daldinia*	0	2
26	*Rosellinia*	0	2
38	*Xylaria*	0	1
39	*Unidentified*	0	1
40	*Hypoxylon*	0	1
41	*Annulohypoxylon*	42	0
42	*Annulohypoxylon*	7	0
3	*Xylaria*	3	0

を参考にして求めよ．電卓や表計算ソフトを用いてもよい．

11-2　分類学的多様性，機能的多様性，系統的多様性の違いを説明せよ．

BOX11-1　菌目線のススメ・菌目線でススメ

2011年4月から，菌類の講義を担当している．それまでの足掛け15年は，菌類の生態の研究にもっぱら邁進してきた．しかし菌類を初めて学ぶ全学部・全学年の学生さんに向けて授業をするのはこれが初めてであり，自分にとって新しい挑戦だ．この講義のために，「菌類の生物学」というテキストを京都大学学術出版会から上梓した．菌類の生活の主体は，目に見えるかびやきのこではなく，目に見えない微小な菌糸である．このテキストでは，そんな菌糸のライフスタイルが平易に紹介されている．興味のある方は，ぜひ手に取ってみていただきたい．

菌類を始めたきっかけは何でしたか，とたびたび聞かれる．思えば私自身が菌類を知り，菌類に興味をもったのは，学生時代に受講した，この講義だった．当時は教養部の科目で，相良直彦先生（現京大名誉教授）が担当されていた．ただ正直にいうと，講義自体はあまり印象に残ってない．むしろ相良先生に連れられて参加した「ツキヨタケ鑑賞会」のほうが，鮮烈なインパクトを与えてくれた．それは菌類が私を知り，私に興味をもったきっかけだったというほうが，実情をよく反映しているかもしれない．

ツキヨタケというきのこがある．秋になると，ブナの枯れ木にワサワサ生える．シイタケのような形をしたきのこで，裏側のひだの部分が青白く光るのでそう呼ばれている．ツキヨタケ鑑賞会では，京都北部にある京大芦生研究林のブナ林を泊まりがけで訪ねる．

夜の山道．手元の明かりだけを頼りに，ツキヨタケが群生する立ち枯れたブナの巨木を目指して歩く．たどり着いた枯れ木の根元で，明かりを消す．漆黒の闇の中に座り込んで，じっと息をひそめている．すると，ほのかな光が少しずつ数を増やしてくる．そうして暗がりに慣れた眼前には，空に向かって群がり踊るきのこの光があった（図11-10）．秋の夜風の冷たさも忘れて，言

図 11-10　ツキヨタケの発光．森泉氏提供．

葉も失って，その光をいつまでも見上げていた．

しかし鑑賞会は，それだけでは終わらなかった．ブナ林を彩るさまざまなきのこをふんだんに放り込んだ，きのこ鍋ディナー．もう時効だろうし書くが，コレにやられた．参加者のほとんどが中毒したのだ．複数の専門家が，事前に食毒判別した．にもかかわらず，15 人の参加者のうち 12 人までもが食後に嘔吐した．もちろん私も，苦しみをタップリ「鑑賞」した．鍋に入っていたかは定かではないが，ツキヨタケも毒きのこであることを，そのとき初めて知った．

光る毒きのこ．一筋縄ではいかないところが，面白い．この経験のあと，私が菌類の面白さに目覚めたことはいうまでもない．光るきのこもきのこ中毒もそうだが，「生の体験」の大切さを，学生だった私は文字通り「生で痛感」したのだ．

私が担当する講義で，受講生の皆さんにこれと同じ生々しい経験をしてもらうことは到底できない．そのかわり，吉田山での観察会を講義のなかで企画している（BOX6-2 を参照）．相良先生のときから続く，目玉行事だ．座学だけでは知ることのできない，自然界で暮らす菌類の姿を生で体験する機会になればと思う．

もう 1 つ，菌類が私に手を差し伸べてきた忘れられない経験がある．やはり相良先生に連れられて，先生自身のフィールドワーク（山仕事）に手伝いとして同行したときのことだ．今度は，もぐらである．

もぐらは巣のわきで排泄するが，その「便所」から発生するきのこがあるというのだ．もぐらの巣は地中にある．だから，地上からは見つけることができない．しかしそのきのこが出れば，その下の地中に巣があることがわかる．こうして，きのこを手がかりにもぐらの巣を「発掘」できるというわけだ．

兵庫県安富町の山林．きのこ発生ポイントのわきから，シャベルで掘り始める．15分ほどで，もぐらのトンネルが出てきた．本当にあるようだ．そのあとは，相良先生が丁寧に掘り起こしていく．すると今度は，白い菌糸とぼろぼろになった枯れ葉と木の根のかたまりが出土した．古い便所跡らしい．時に地べたに腹這いになりながら，相良先生はさらに慎重に掘り進めていく．作業開始から3時間半．ついに，土の中から白い菌糸と枯れ葉のかたまりが顔を覗かせた．そのふわふわの落ち葉のかたまりが，もぐらの巣だった．

このもぐらの巣の出現は，新鮮な感動を与えてくれた．そうと知らなければ誰も気に留めることのない，きのこともぐらのつながり．「いまぼくを原始的な悦びで満たしてくれているのは，天地間の秘密の言葉を，半語に自分が理解した点だ．」サン・テグジュペリのフレーズが心に浮かんだ（人間の土地，新潮文庫，堀口大学訳）．そのとき，素知らぬ顔をしたその雑木林が輝いて見えた気がした．目に見えない自然の営みを，何とかして見ようとすることの大切さ．目に見えないことを想像する力の大切さに，思い至ったのである．菌糸の目線にたって，自然を眺める．それだけで，見慣れた風景が新しい発見に満ちていることに気づくことができる．

ヘンな生き物，かびきのこ—そう一言で片付けるのはモッタイナイ．その奇異性や特異性に気を取られることなく，心を落ち着かせ，目には見えない菌糸の暮らしに思いを馳せたい．菌糸の生活を想像すること．それは，豊かな多様性を誇る地球上の生物のなかでも，われわれ人間にだけ与えられた特権なのだ．その想像力は，菌糸が菌糸をとりまく生育環境にうまく適応して生活していることをわれわれに教えてくれる．その巧妙さに，感服させられる．菌糸の生き様の理解を通して，われわれ人間の生き方だけが正解ではないことを思い知らされる．講義を通じて，こんな「菌目線」の面白さを伝えていきたい．

第12章
菌類と環境適応

菌類は，無機的な環境と，生物的な環境の両者の影響を受けながら生活を営んでいる．本章では，無機的環境と菌類との関係に着目し，温度や水分条件の変化に対する，菌類の生理生態学的な適応のメカニズムと，菌類の個体群や群集といった集団レベルでの応答について述べる．

12-1 菌類をとりまく環境

環境（environment）とは，「対象とする生物個体または生物集団を主体とし，主体に影響を与え，主体が認識するもの」と定義される（日本生態学会 2003）．環境は，**無機的環境**（physical environment）と**生物的環境**（biological environment）に大きく分けられる．無機的環境には，温度，湿度，土壌酸性度といった外部条件と，光エネルギー，栄養塩類などのような生物にとっての資源が含まれる．生物的環境には，同種や他種の競争者，捕食者，寄生者などが含まれる．

菌類は，これらさまざまな環境条件の影響を受けて生活を営んでいる．本章では，これらのうち，無機的環境が菌類に及ぼす影響に注目する．生物的環境については，第2部で共生関係や生物間相互作用の観点から取り上げた．

菌類の生活には，局所的なものから地球規模のものまで，幅広いスケールの無機的な環境要因が影響する．例えば，落葉分解菌にとって，落葉は住み場所であると同時に食物であるため，その物理的な構造や化学的な性質は重要な環境要因である．同時に，落葉のおかれた場所の気温や降水量も，菌類に影響を及ぼす．

これらさまざまな空間・時間スケールでの環境変動は，直接的に，あるいは間接的に，菌類の成長や繁殖，分散といった生活史の特性に影響を及ぼす．菌類の生活史特性の変化は，個体群レベル・群集レベルでのプロセスにも段階的に波及し，菌類の地理的な分布や，共生系・生態系における機能を変化させる．

12-2　環境変動と菌類の適応

菌類は一般的に，他の多くの生物と同様，極端な高温や低温，乾燥には耐えられない．その一方で，そのような厳しい環境条件に対する**耐性**（tolerance）を獲得することで，住み場所を広げている種も存在する．本節では，温度と乾燥に注目して，無機的環境への菌類の適応についてみていく．

1)　温度

生物が生育・繁殖可能な温度範囲のことを，生理的温度という．菌類の生理的温度は一般に，0～40℃の範囲である．胞子などの休眠体や耐久体は，より幅広い温度条件で生存が可能である．例えば，菌株保存機関では，菌糸や胞子が−80℃下で長年にわたり保管されている．逆に，後述するように，生育可能温度が60℃に達する菌類もいる．ただし，日本の位置する中緯度の温帯域では，多くの菌類が**中温性**（mesophilic）であり，成長適温域は10～40℃，最適温度は22～25℃である．

自然発酵する堆肥の内部など，40℃を超える温度域で成長する菌類もいる．成長適温域が40～50℃の菌類は**好熱性**（thermophilic）の菌類とよばれる．50℃以上の高温で生存可能な菌類は**高温耐性**（thermotolerant）の菌類とよばれる．菌糸に含まれる酵素はタンパク質であり，温度が上がると熱変成により機能を失う．このため，高温下では生命活動が維持できなくなる．しかし，好熱性や高温耐性の菌類は，熱ショックタンパク質の働きにより，高温下でも代謝を維持できる．熱ショックタンパク質は，タンパク質の損傷や変成を妨げたり修復したりする働きをもつ．

一方，成長適温域が4～16℃と低い菌類は**好冷性**（psychrophilic）とよばれ，極地や高山にみられる．低温で生存可能な菌類は**氷雪性**（cryophilic）とよばれる．菌類の低温適応のメカニズムとして，糖アルコールと脂質が挙げられる．好冷菌は，糖アルコールであるグリセロール（グリセリン）やマンニトールを凍結防止剤として利用し，有害な氷の結晶が細胞質で形成されるのを防いでいる．また，好冷性や氷雪性の菌類は，細胞膜を構成する脂質として，リン脂質や不飽和脂肪酸を多く含む．これにより，低温下での膜の流動性と透過性を維持している．

2)　乾燥

菌類といえば，ジメジメとした湿った環境を好む生物の代表格である．梅雨の季節などは，まさにかびやきのこの独壇場である．どの生物にも当てはまることだが，菌糸にとって水分は必須である．ただし，地球上における水の分布は，空間的・時間的に極めて不均一である．そのため菌類は，利用可能な水分が乏しい場所や時期をうまくやり過ごす必要がある．

菌類にとっての乾燥した環境には，砂漠や極地，岩の表面などが挙げられる(図 12-1)．水分があってもそれが利用可能でない場合，そこは菌類にとって乾燥した環境といえる．その代表例が，海洋である．海水の中が乾燥した環境であることを理解するためには，**浸透圧**（osmotic pressure）について知る必要がある．

粒子を通さない境界膜は，**半透膜**（semipermeable membrane）とよばれる．浸透圧は，この半透膜の両側で水に含まれる塩分や糖分などの粒子の濃度が異なるとき，濃度の薄い側から濃い側へと，半透膜を通じて水が移動しようとする強さを指す．水が移動するのは，半透膜の両側で，粒子の濃度の違いを小さくしようとする働きによる．

浸透圧の観点から，海水と菌類の関係をみてみよう．海水中では，浸透圧により，菌糸（細胞）から塩分濃度の高い海水へと，半透膜である細胞膜を通して水が奪われることになる．このため海水の中は，菌糸にとっては水分を奪われる「乾燥」した環境であるといえる．

同様の理由で，瓶のなかのジャムも，菌糸にとっては乾燥した場所である．フルーツを煮詰めて糖分の濃度を高くしておけば，たとえ菌糸が定着しても，浸透圧により菌糸から水分が吸い出されてしまい，成長が極端に抑制されたり，

図 12-1　菌類にとっての乾燥した環境．砂漠 (a)，極地 (b)，海水の中 (c)，ジャムの中 (d)．

死滅したりする．食品を保存するために煮詰めたり，塩漬けにしたりするのは，菌類をはじめとする微生物による腐敗を防ぎ，食品を長持ちさせるための人間の知恵である．

通常なら成長に不適な浸透圧環境に適応した菌類は，**好乾性**（xerophilic）の菌類とよばれる．海水中で生育する海生菌や，塩分濃度が高く，かつ水分含有量の低い貯蔵中の食品を劣化させるコウジカビ属やアオカビ属の菌類が，好乾性菌の例である．

好乾性菌が高塩分の環境下で生存するメカニズムに，液胞と浸透圧調整物質がある．菌糸は，細胞活動にとって有害なナトリウムイオンや塩素イオンを，細胞内にある液胞（図 3-9）に集積したり，細胞外に排出したりすることで，細胞内の塩分を調整する．また，好乾性菌の菌糸は，多価アルコールを合成して細胞内に集積させて，細胞質の浸透圧を調整する．多価アルコールはポリオールともよばれ，分子内に2個以上の水酸基をもつアルコールである．

12-3　気候変化にともなう菌類の応答

地球上における気温と降水量の分布は均一ではなく，場所ごとに大きく異なる．緯度に沿ってみると，赤道付近の低緯度に位置する熱帯から順に，高緯度に向かって温帯，寒帯というように**気候帯**（climatic zone）が区分される．気候帯ごとに，熱帯林，温帯林，ツンドラなどとよばれる**バイオーム**（biome）が発達する．気候帯に沿ったバイオームの変化にともなって，菌類群集の構造や機能も変化することが知られている．

ここでは内生菌と分解菌を例に，菌類群集にみられる気候帯に沿ったパターンを紹介する．菌根菌の気候帯に沿ったパターンについては，6-4節で紹介した．

1)　内生菌

パナマ低地熱帯林からカナダ北極に至る北半球の気候傾度に沿った，内生菌の種数と種組成の変化が明らかにされた（Arnold and Lutzoni 2007）．調査地は，北緯9.9～63.8度に位置する8地点である．年平均気温 −9.8～27℃で，距離にして最大で約6,000キロメートル離れている．のべ34植物種の生葉が採取され，そこから277種の内生菌が分離された．これら内生菌の出現頻度と種数は，いずれも極地から熱帯に向かって高くなる傾向が認められた．

気候帯のあいだで，分類学的な組成にも差がみられた．どの地点でも，もっぱら子嚢菌門が分離されたが，低緯度ほどフンタマカビ綱 Sordariomycetes の種の比率が高く，逆に高緯度ほどクロイボタケ綱 Dothideomycetes やフンタマカビ綱をはじめ，さまざまな綱の菌類の種がみられた．

特定の分類群の内生菌についても，気候帯での種数と種組成の違いが実証されている．クロサイワイタケ科の子嚢菌類は，優占的な内生菌の分類群の1つであり，さまざまな植物種で検出されていて宿主特異性は一般に低い（5-2節を参照）．北海道東部の亜寒帯林と，京都北部の温帯林，沖縄本島北部の亜熱帯林の，合わせて3つの気候帯の森林で比較が行われた．のべ167樹種の生葉が採取され，そこから42種（OTU）のクロサイワイタケ科内生菌が分離された．

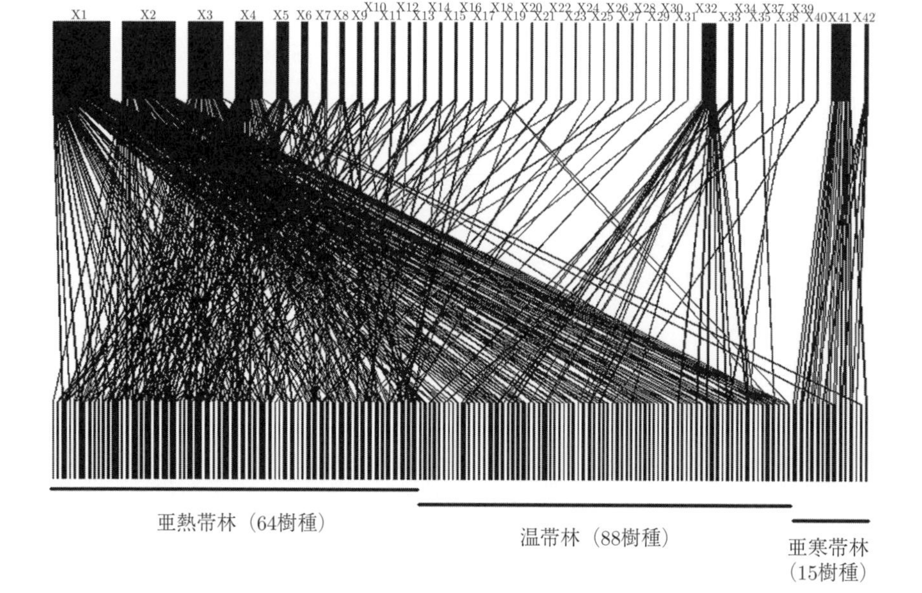

図 12-2　クロサイワイタケ科内生菌と亜熱帯林・温帯林・亜寒帯林の樹種との相互作用ネットワーク．Ikeda *et al.*（2014）より作図．

種数は，亜熱帯林で31種，温帯林で13種，亜寒帯林で3種と，温暖な気候ほど多かった．内生菌の種組成は，3気候帯のあいだで大きく異なった．高頻度で出現した4種のうち，3種は亜熱帯林と温帯林で共通して出現し，1種は熱帯林と亜寒帯林で共通して出現した（図12-2）．しかしそれ以外の種のほとんどは，いずれか1つの気候帯でのみ検出された．

2)　分解菌

分解菌のインシデンスや種数および種組成は，気候傾度に沿って変化する．例えば，マツ類の針葉落葉から分離される微小菌類が，北海道から南西諸島までの245地点（年平均気温0℃以下～24℃）で調べられた（徳増 1996）．菌類の種数は，温暖な地域ほど多くなる傾向が認められた．スポリデスミウム・ゴイダニキイは広域分布する種の1つで（図12-3），その出現頻度は年平均気温

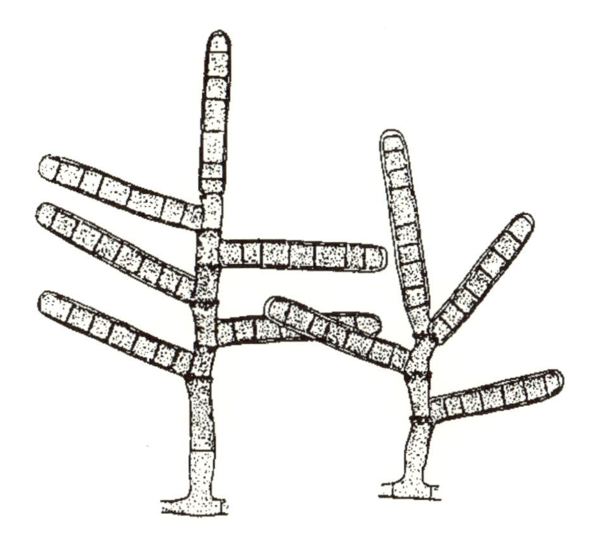

図 12-3　スポリデスミウム・ゴイダニキイ *Sporidesmium goidanichii* の分生子と分生子形成細胞．椿（1998）より．

が 14.2 ℃に分布の中心を持ち，5 ℃付近と 23.5 ℃付近で出現しなくなる二次曲線で近似された（徳増 2010）．

タイの熱帯林から本邦の亜高山帯林に至るアジアの気候傾度で，落葉分解菌の種数と種組成が調べられた（Osono 2011）．調査地の年平均気温は，2～25 ℃の範囲であった．表面殺菌法（10-2 節を参照）により分離された微小菌類の種数と，調査地の年平均気温とのあいだに正の相関関係が認められた．活発なリグニン分解活性を有する菌類は，熱帯林，亜熱帯林，および温帯林で採取した落葉から高頻度で分離されたが，亜高山帯の落葉からは分離されなかった（図 12-4）．

3)　気候帯に沿った菌類の機能的な変化

気候帯で比べたとき，分解菌の分解機能の違いはどの程度だろうか．落葉分解に関わる大型菌類の種数と種組成を，亜熱帯林，温帯林，亜高山帯林で調べた例で見てみよう（11-2 節を参照）．観察された大型菌類の種数は温暖な森林ほど多かったが（表 11-4），群集のレベルで比べると潜在的な分解力に差はみ

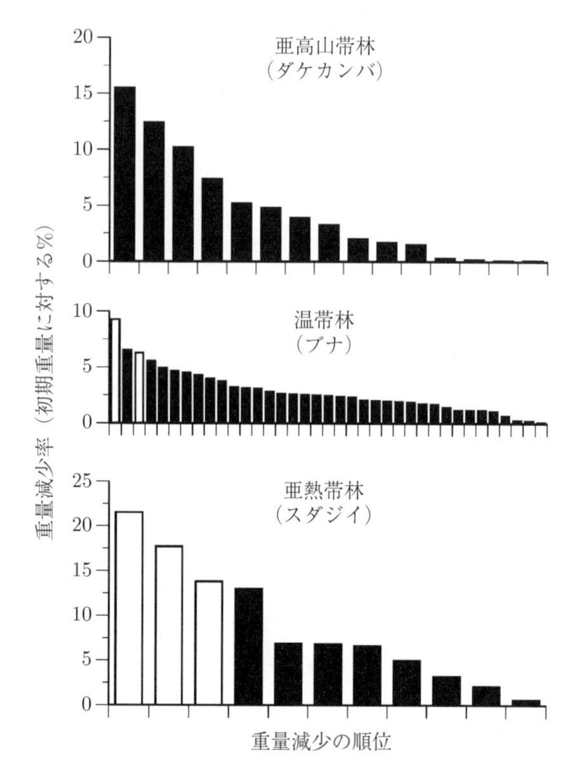

図 12-4　亜熱帯林，温帯林，亜高山帯林で採取された微小菌類の落葉分解力．落葉から分離されたさまざまな種の菌株を，滅菌した落葉に培養条件下で接種して培養したときの，落葉の重量減少率を各菌類の分解力とした．活発なリグニン分解により落葉を漂白した菌株（図 8-7a）を，白抜きのバーで示した．Osono（2011）より作図．

られなかった．

分離菌株を用いた別の実験では，クヌギタケ属の大型菌類の潜在的な分解活性は培養温度により変化した（図 12-5）．また，菌株の産地によって分解の温度反応性が異なった．実験に用いた菌株はいずれも中温性だが（12-2 節を参照），落葉分解の最適温度は，温暖な産地に由来する種ほど高かった．すなわち最適温度は，亜熱帯林，温帯林，亜高山帯林に由来するクヌギタケ属菌類で，それぞれ 25 ℃，20〜25 ℃，20 ℃であった．

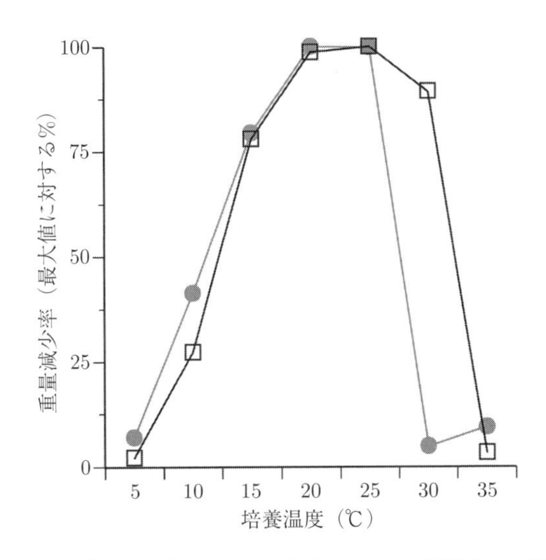

図 12-5　クヌギタケ属の落葉分解力にみられる温度反応性．亜熱帯産の 1 種 *Mycena* sp.（□）は分解の最適温度が 25 ℃で，30 ℃でも高い分解力が認められた．一方，温帯産のアシナガタケ *M. polygramma*（●）は分解の最適温度が 20 ℃で，30 ℃ではほとんど分解力（と菌糸成長）が認められなかった．Osono（2015c）より作図．

12-4　標高にともなう菌類の応答

環境変化にともなう菌類の応答は，気候帯の傾度だけでなく，山岳域の標高傾度においても実証されている．山岳域の生態系は，標高に沿って，低標高側から順に，山地帯，亜高山帯，高山帯に区分される．この標高傾度では，気候帯を対象とした場合に比べて，比較的狭い地理的な範囲で広範な環境条件をカバーすることができる．

標高に沿って種数や種組成が大きく変化することが，内生菌，分解菌，外生菌根菌などで示されている．胞子による分散が十分可能な，比較的狭い地理的な範囲で菌類の種が入れ替わることが示されており，環境変動に対する菌類の反応性の高さが示唆される（図 11-2，図 11-7）．

ハワイ島のマウナ・ロア山（標高 4,169 メートル）では，単一樹種を対象とした，標高傾度に沿った内生菌の分布パターンが明らかにされた（Zimmerman

図 12-6　ハワイフトモモ．小野田雄介氏提供．

and Vitousek 2012）．標高 100～2,400 メートル，年平均気温 10～22 ℃に位置する 13 ヶ所の調査サイトが，約 80 キロメートルの範囲内に設置された．そこでフトモモ科のハワイフトモモの生葉を採取し（図 12-6），DNA メタバーコーディングにより内生菌を調べたところ，4,200 種（OTU）超もの菌類が出現した．種数がもっとも多かったのは，もっとも温暖でかつ年降水量の多い標高 100 メートルの調査サイトであった．種組成は，標高に沿って連続的に置き換わった（11-1 節を参照）．加えて，年降水量の多寡も内生菌の種組成に影響していた．

日本最北端に近い利尻山（図 12-7）では，ダケカンバの落葉上に生息する菌類の種数と種組成が調べられた．標高 300～1,500 メートルの範囲で採取した落葉から，全体で 35 種の菌類が分離された（Osono and Hirose 2009b）．菌類の種数は，標高 1,500 メートルのサイトでもっとも少なかった．種組成についてみると，標高 300～900 メートルの範囲では比較的類似していたが，これよ

図 12-7　利尻山．標高 1,719 メートル．

り高標高域では種組成が大きく変化した．利尻山では標高 1,200 メートル（年平均気温は約 0℃）を境にして，落葉生息菌にとっての環境が大きく変化すると考えられる．

12-5　極地の菌類

地球上でもっとも高緯度に位置する陸地には，極荒原あるいは極砂漠とよばれる世界がひろがっている．気候帯でいうところの氷雪帯に相当し，読んで字のごとく気温の低い氷や雪の地域というイメージが強いが，実際のところ降水量の少なさも際立っている．レキを主体とした，寒くて乾燥した荒涼とした世界である．この冷涼で乾燥した極荒原には，どのような菌類が生活しているのだろうか．

1)　北極の菌類

北極圏は北極海を中心とした地域を指すが，ロシア，北欧，およびカナダ・アラスカに陸地が存在する．極荒原のなかでも，氷河が後退してから十分な時間が経過した場所や，水分が豊富な場所には植生がみられる（図12-1b）．カナダの最北端に位置するエルズミア島（北緯81度）のオーブロヤ湾周辺は，植生の豊かな地域であり，極荒原のなかに出現する極オアシスの1つである．キョクチヤナギやチョウノスケソウ，イワヒゲといった維管束植物が一面にひろがっている．その隙間を埋めるように，イワダレゴケやシモフリゴケといったコケ植物が，最大で厚さ10センチメートルを超える群落を作っている．

この2種のコケ群落からは，合わせて25種の菌類が分離された（Osono *et al.* 2012）．その多くは，北半球の北方林や温帯林でも報告のある種であった．温帯域の菌類うち氷雪性のある一部の系統が，極地にも分布を広げていると考えられる．また，コケ群落の深さ方向でみると，コケ組織の分解にともなう菌

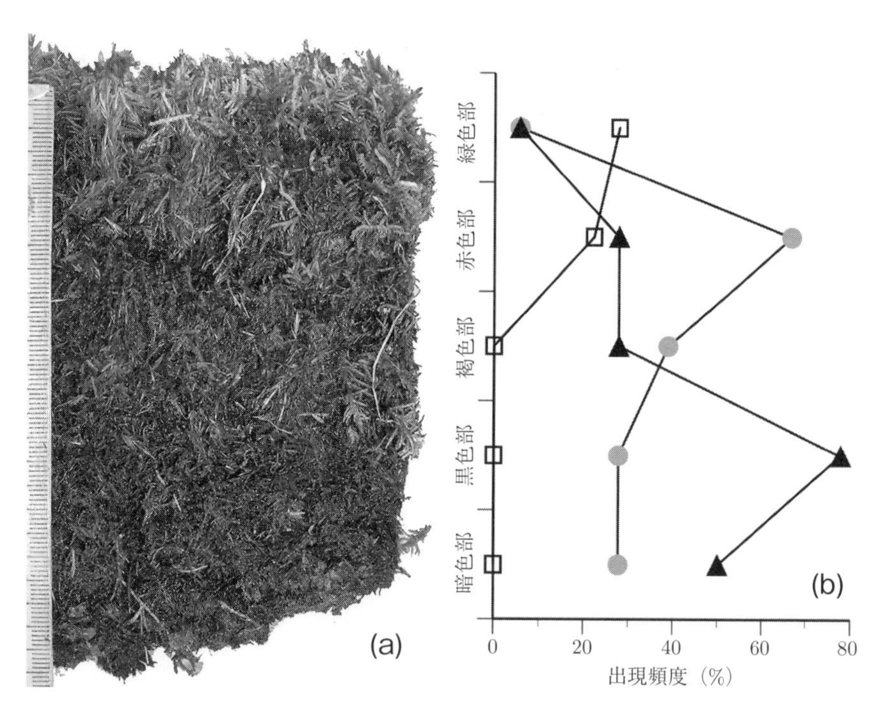

図12-8　北極オーブロヤ湾周辺で採取したコケ群落の断面の様子（a）と，そこで観察される菌類遷移（b）．クラドスポリウム・ヘルバルム *Cladosporium herbarum*（□），アオカビ属の1種 *Penicillium* sp.（●），シュードジムノアスカス・パンノラム *Pseudogymnoascus pannnorum*（▲）．Osono *et al.*（2012）より作図．

類遷移が認められた（図 12-8）．群落表層の生きたコケ組織からは，クラドスポリウム・ヘルバルムが高頻度で出現したが，群落の下層に向かってコケ組織の分解が進むと，次第に姿を消した．代わって，コケ組織のもっとも深い層からはアオカビ属の種や，シュードジムノアスカス・パンノラムが出現した．

2)　南極の菌類

南極大陸は北米大陸と同程度の広さだが，その大部分が大陸氷床に覆われている．ただし，大陸の海岸部には，氷河末端の後退にともなって出現した極荒原が点在しており，露岩域とよばれる（図 12-9）．露岩域では，風が当たりにくく水のたまりやすい岩陰に，コケ群落が散在している．生物活動が厳しく制限される低温・乾燥下だが，南極露岩域のコケ層は最大で約 10 センチメートルの厚さにまで堆積している．ここでも，このコケ群落の内部にどのような菌類がいるのかを調べた．

最大で約 500 キロメートル離れた 41 ヶ所で，205 点のコケ群落を採取して菌類を調べた（Hirose *et al.* 2016）．採取したコケは，大部分がハリガネゴケ属であった．全体で 23 種の菌類が分離された（図 11-3）．もっとも優占的な

図 12-9　南極アムンゼン湾リーセルラルセン山地の露岩域とコケ群落．

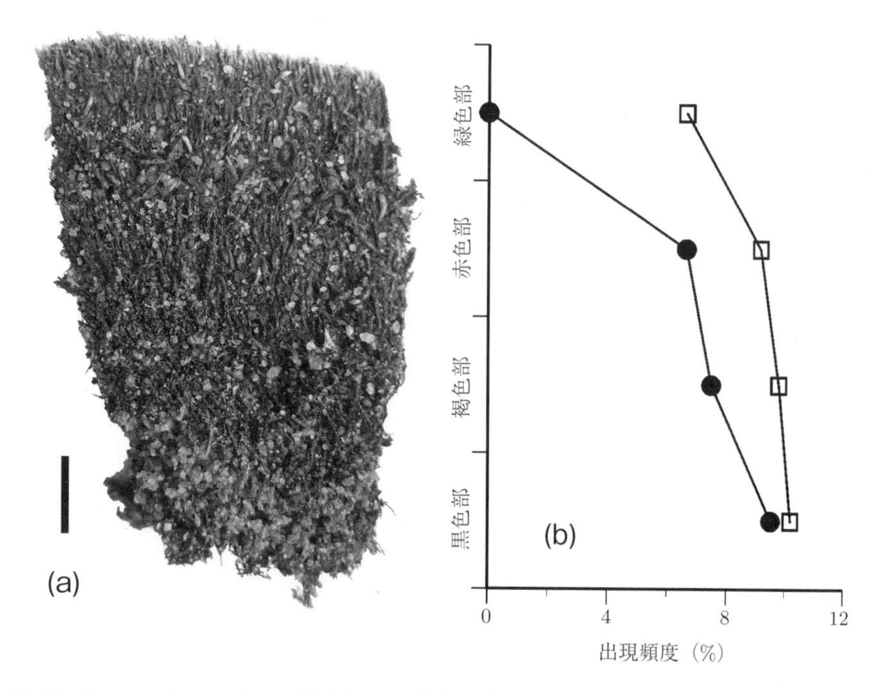

図 12-10　南極リュッツホルム湾沿岸のコケ群落の断面の様子（a）と，そこで観察される菌類遷移（b）．フォーマ・ヘルバルム *Phoma herbarum*（□）とシュードジムノアスカス・パンノラム（●）．バーは1センチメートル．Hirose *et al.*（2017）より作図．

種のフォーマ・ヘルバルムは，全205点の70%にあたる143点から出現した．フォーマ・ヘルバルムは南極だけでなく，熱帯域や北極からも報告のある汎分布種（11-3節を参照）である．分散力が高い上に，環境ストレスに対する菌糸体の耐性も高いことが，環境条件の厳しい南極でも優占しうる要因といえる．

ただし，コケ群落の深さ別にみると，表層から下層に向かってフォーマ・ヘルバルムや，北極でもみられたシュードジムノアスカス・パンノラムの出現は増加傾向にあるものの，北極のコケ群落とは異なり，深さ方向での菌類遷移は認められなかった（図12-10）．両極にみられる菌類遷移のパターンの比較から，菌類にとっての環境条件は，南極のほうが北極よりも厳しいと推察される．

さらに勉強したい人のために

- 広瀬大・大園享司訳（2011）菌類をとりまく環境（第 2 部）．菌類の生物学，生活様式を理解する．D.H. Jennings, G. Lysek 著，京都大学学術出版会．
- 神田啓史（1987）南極昭和基地周辺の蘚苔類．国立極地研究所．
- 国立極地研究所編（1982）南極の科学 7，生物．国立極地研究所．
- 国立極地研究所編（1986）南極の科学 5，地学．国立極地研究所．
- 松岡俊将・大園享司（2018）気候変動による森林の変化と菌類への影響（第 7 章）．森林と菌類（升屋勇人・滝久智編），共立出版．
- 日本生態学会編（2003）生態学事典．共立出版．
- 徳増征二 (1996) 菌類と地球環境：地球温暖化の腐生性微小菌類群集への影響．日本菌学会報告 **37**: 105–110.
- 徳増征二 (2010) 本邦における微小菌類の地理的分布と温暖化の影響．Mycotoxins **60**: 17–25.
- 椿啓介（1998）不完全菌類図説，その採取から同定まで．アイピーシー．

理解度チェッククイズ

12-1　地球上で，菌類にとっての乾燥した環境を挙げよ．菌類がそのような環境に適応する上で，どのような生理生態的な形質が適応的か述べよ．

12-2　地球規模での環境変動の例を 1 つ挙げ，それが落葉分解菌の地理的な分布や分解活性をどのように変化させうるかついて述べよ．

BOX12-1　日本南極地域観測隊に参加して

2009 年 11 月～2010 年 3 月の約 4 ヶ月間，第 51 次日本南極地域観測隊に陸上生物チームの夏隊員として参加した．滞在した露岩域の様子と，露岩域に暮らす生き物たちの生態，そして陸上生物チームの活躍の様子を簡単に紹介する．

南極大陸の露岩域

南極大陸は地球上でもっとも寒冷かつ乾燥した気候下にあり，陸地の大部分が大陸氷床に覆われている．氷床の厚さは平均で2,500m，場所によっては4,000mを超えるという．沿岸部や山地部には氷に覆われていない地域も存在するが，その面積は南極大陸（面積1,400万平方キロ）全体の2～3%にすぎない．この氷に覆われず母岩が露出している地域は露岩域とよばれる．露岩域が，南極に生息する数少ない陸上生物の生活の舞台となっている．

南極大陸はかつてのゴンドワナ大陸の一部であった．ゴンドワナ大陸の気候は温暖・湿潤で，木生シダ類や裸子植物が繁栄しており，6千万年前には南極大陸にも森林があったと考えられている（Ochyra *et al.* 2008）．現在，アフリカ，インド，南アメリカ，オーストラリアなどとなった陸塊が分裂・移動するのにともなって，南極大陸の孤立と寒冷化が進んだ．少なくとも最近400万年のあいだは，南極大陸は厚い氷床に覆われていたという．しかし最終氷期のあと現在に至る約1万年のあいだ，氷床は縮小傾向にあり，これにともない露岩域が出現した．露岩域は，氷床の後退による陸地の上昇（アイソスタシー）によっても出現した（国立極地研究所 1986）．

日本の昭和基地はリュッツ・ホルム湾とよばれる場所にあり，南緯69度，東経39度に位置する．周辺には昭和基地のあるオングル諸島のほかに，ラングホブデ，ブレードボーグニッパ，スカルブスネス，スカーレンなどとよばれる露岩域が点在している．これら露岩域における生物学・生態学調査が，私たち陸上生物班の仕事である．

露岩域の生物たち

南極は北極と比較にならないほど生物相が貧弱である（国立極地研究所 1982）．南極大陸に自生する陸生の維管束植物はナンキョクミドリナデシコとナンキョクコメススキの2種のみであり，いずれも比較的低緯度の南極半島に分布している．しかし今回，私が訪れたリュッツ・ホルム湾のある大陸性南極には，これら維管束植物すら自生しない．主な一次生産者は，蘚苔類（コケ），地衣類，藻類，およびらん藻類（シアノバクテリア）である．このうちもっとも頻繁に認められるのが地衣類と藻類・らん藻類である．これらの生物はむき出しの母岩や岩石上といったもっとも過酷な生育環境下に定着している．

蘚苔類，特に蘚類は，継続的な水分供給があり，土壌があまり移動せず，風が当たりにくいような谷間や岩陰でヒッソリ暮らしている．リュッツ・ホルム湾周辺では，7 種類の蘚苔類が確認されている（神田 1987）．このうちよく目につくのがオオハリガネゴケとヤノウエノアカゴケである．これらは純群落のほかに混在する場合もある．ラングホブデの雪鳥沢には，立派なコケ群落が谷に沿って広範囲に分布している．ここは南極特別保護地域（Antarctic Specially Protected Area，略して ASPA）に指定されていて，環境大臣の行為者証のない者の立ち入りが禁止されている．これ以外にも，私が訪れたところではラングホブデの四つ池谷，スカルブスネスの指輪谷，姫鉢池周辺，スカーレンのまごけ岬，そしてリュッツ・ホルム湾から約 500km 離れたアムンゼン湾リーセルラルセン山地などで，モリモリ豊かなコケ群落が一面に広がる様子を観察した（図 12-9）．

動物はアデリーペンギン（図 3-10c）や，ユキドリ，ナンキョクオオトウゾクカモメ（通称トウカモ）などの鳥類がよく目につく（図 12-11）．アデリーペンギンとユキドリは陸上に営巣するが海で採餌する．トウカモはアデリーペンギンやユキドリを狙って，これら鳥類の営巣地の周辺をいつもウロウロしている．あと海辺では，海産のほ乳類ウェッテルアザラシがゴロゴロと昼寝しているのを時おり見かけた（図 2-1b）．

図 12-11　南極の動物．ナンキョクオオトウゾクカモメ（a），ユキドリ（b）．

陸上生物チームの仕事

南極では野外調査中の単独行動はできないため，基本的に複数で行動し，お互いの調査を協力して行うことになる．現地では，陸上生物チームの隊員が，それぞれ担当するプロジェクトテーマである物質循環研究，湖沼観測，植生・土壌モニタリングなどに取り組んだ．なかでも湖沼観測は，過去 10 年以上にわたり陸上生物チームが継続してきたテーマで，コケ坊主とよばれる湖底植物群落の発見など興味深い成果が得られている．この湖底群落は，リュッツ・ホルム湾沿岸の露岩域の湖沼群でしか見つかっていない．今年は湖面からの湖底群落のコアサンプリングに加えて，潜水による湖底群落のサンプリングと通年観察用のビデオシステムの設置を行った．潜水オペレーションでは，私もボートに乗り込んで湖面から潜水を支援した．今まで陸上でしか仕事をしてこなかったので，南極湖沼の調査に参加できたのは新しい経験で，いろいろ勉強になった．

私たち陸上生物チームは，約 2 ヶ月の現地滞在期間のほとんどを，風呂も水道もない隔離された露岩域の観測小屋で自炊・寝泊まりしながら過ごした．途中，補給と試料輸送で南極観測船「しらせ」に戻ったのが 3 泊，昭和基地に滞在したのは 4 泊だけ．現地滞在中にはブリザードにも遭遇し，小屋での待機を強いられる日も多かった．このため日程的に慌ただしく忙しい現地調査の日々となったが，それでも病気も大したケガもせず，毎日の野外作業を明るく楽しくできたのは，ずっと行動を共にしたメンバーのおかげです．この場を借りて，改めてお礼申し上げます．

理解度チェッククイズの回答例

1-1　自由回答.
（解説）BOX1-3 などを参考に，書いた名前が本当に菌類の名前かどうかを自己採点せよ.

1-2　菌類は真核生物であり，色素体を欠き，従属栄養性で栄養摂取は細胞表面からの吸収により行い，食作用をもつアメーバ段階をもたず，細胞壁はキチンと β-グルカンからなる.
（解説）1-2 節を参照せよ．なお，菌類の定義として，菌類は「寄生」する生物である，という回答をよく目にする．しかし，この寄生というライフスタイルは，菌類に限った話ではない．例えば，ヤドリギは他の植物に寄生する植物である．また，菌類は「胞子で増える」という回答も多い．しかし，胞子で増えるのは菌類独自の特徴ではない．例えば，シダやコケは胞子で増える植物である．寄生することや胞子で増えることは，菌類の重要な特徴だが，菌類を他の生物と区別する特徴にはならない.

1-3　生物学辞典によるきのこの説明は，本書の定義とおおむね一致する．生物学辞典によるかびの説明は，菌糸を指す点では本書の定義と一致するが，菌類以外の微生物も含みうる点ではより広範な生物が含まれる用語となっている.
（解説）1-1 節を参照せよ.

2-1　菌類は，動物，植物，細菌類のいずれにも分類されない．二界説では植物に分類されていたが，その後に提唱された五界説や八界説で，菌類は動物，植物，あるいは細菌とは異なる独立した菌界としてまとめられているため.

（解説）2-1 節を参照せよ．

2-2　菌類は，動物にもっとも近縁と考えられる．菌類は，動物や一部の原生生物とともに，オピストコンタとよばれる単系統群にまとめられるため．
（解説）2-1 節を参照せよ．

3-1　菌糸は糸状，円筒形である．直径 2〜10 マイクロメートルと細い．細胞壁に囲まれている．隔壁により区切られる．先端成長する．先端より下方で側方に分枝する．吻合（アナストモーシス）により融合し，菌糸体のネットワーク構造を形成する．菌糸は微小であるため，動物や植物など他の大型生物の内部や，微小な土壌間隙に入り込むことができる．微小であるため体積に対する表面積の割合，すなわち比表面積が大きいが，これは細胞と環境との境界面（接触面）の面積が大きいことを意味し，細胞の変化が環境に反映されやすいと同時に，細胞は環境の変化の影響を受けやすい．物質輸送に特化した菌糸束や根状菌糸束を形成する場合がある．条件さえよければ，潜在的には無限に先端成長を続け，土壌 1 グラムあたり 1.5 キロメートルに達したり，寿命が 1.5 世紀に達したりする場合もある．ただし，活性のある部分は菌糸体のなかで 2〜10%程度と少ない．
（解説）3-2 節を参照せよ．

3-2　環境中に存在する基質の多寡に対応して，分枝の頻度を調整することで，栄養を獲得する速度を効率的に変化させせことができる．分枝により空間的に異質性の高い資源を同時に利用できるので，効率的である．分枝と吻合をくり返して菌糸体のネットワークを構築すると同時に隔壁で区画化することで，菌糸体の一部が欠損しても菌糸体内における転流を効率的に維持し，隣接する菌糸への影響を最小限に抑えることができる利点がある．
（解説）3-5 節を参照せよ．

3-3　栄養獲得の面では，菌糸とヒトはいずれも従属栄養性である点で共通しており，酵素の働きにより基質を低分子化（消化）してから吸収して，栄養とする．ただし，ヒトは摂食によりまず消化管のなかに取り込み，そこで酵素により消化するのに対し，菌糸は細胞外酵素を環境中に放出して体外消化を行う点で異なる．成長様式の面では，獲得した栄養を，同化と異化と貯蔵に分配する点や，成長と老衰の段階がある点で共通している．相違点としては，ヒトは成長期と老衰期が年齢で分けられるのに対し，菌糸は同一の菌糸体内に，成長する部位と老衰する部位とが，同時に存在する．また，菌糸はモジュラー生物であり，成長後の形態は未確定であるのに対し，ヒトはユニタリー生物であり，個体の形態は確定的である．
（解説）3-4 節と BOX3-1 を参照せよ．

4-1　単相の段階は，菌類では一次菌糸として栄養的に独立して生育できるが，動物の精子や卵は独立して生育できない．重相の段階は，菌類では二次菌糸として生活環の大部分を占めるが，動物では受精のあと核融合するまでの一時的にしかみられない．逆に，複相の段階は，菌類では担子器や子嚢のなかで一時的にしかみられないが，動物では生活環の大部分を占めている．
（解説）4-1 節を参照せよ．

4-2　菌類は菌糸体として生活を営んでおり，伸長成長により拡大する．万が一，伸長していく先の環境が生育に不適な場合，動物のように移動して回避することができない．しかし異核共存体であれば，表現型の異なる複数の単相核が菌糸体内に共存しているので，菌糸体の置かれた環境下でより適応的な単相核を選択的に分裂・発現させることができ，最終的に有性生殖により次世代に受け渡すことができる．
（解説）4-1 節を参照せよ．

4-3　分散，休眠，遺伝的組換えによる新しい遺伝子型の創出（有性胞子の場合），有利な遺伝子型の増加（無性胞子の場合），二核化のための核の運搬（精子），など．
（解説）4-3 節を参照せよ．

5-1　グラスエンドファイトは芝生の成長促進効果をもつため，肥料の使用を減らせる利点がある．芝生の害虫や病原菌に対する抵抗性が向上するため，農薬の使用を減らせる利点がある．芝生の乾燥や高温といった環境ストレスに対する耐性が向上するため，水やりの量や頻度を減らせる利点がある．
（解説）5-3 節を参照せよ．

5-2　グラスエンドファイトの感染により宿主植物の成長が促進されたり，植食者による被食を回避したりすることで，宿主植物が優占する単純な草地群落となり，種多様性は減少する．優占する宿主植物の成長が促進されることで，草地群落の生産性は増加する．
（解説）5-4 節を参照せよ．

5-3　内生菌は枯死直後の葉に豊富に含まれる利用しやすい水溶性の糖類を，後から葉に来る分解者に先立って利用できる利点がある．
（解説）5-4 節を参照せよ．

6-1　相利共生とは，共生を通じて双方の適応度がともに増加する関係を指す．菌根共生では，菌根菌は，宿主植物から光合成産物である糖類の供給を受ける．これに対して，宿主植物は，菌根菌が土壌で吸収した水分と無機塩類を受け取る．両者にとってこのような利益のある菌根共生は，相利共生である．
（解説）6-1 節を参照せよ．

6-2　菌根菌の外部菌糸は細いため，細根が入れないような土壌空隙にも入り込んで水分や無機塩類を獲得できる．また，菌糸は細根より広い範囲でこれらの土壌資源を探索し，効率的に獲得できる．外部菌糸は菌糸ネットワークを形成することで，土壌中に不均一に分布する資源を効率的に探索できる．菌糸が細いため，宿主植物との物質交換を効率的に行える．菌鞘が根の表面を覆うことで土壌中の病原菌に対する物理的な防御となる．菌糸は植物ホルモンや細胞外酵素を合成することで，植物の成長を変化させたり，土壌中の有機物を低分子化したりすることができる．

（解説）6-2 節を参照せよ．

7-1　吸器は宿主植物の細胞膜に貫入して栄養吸収を行うが，菌糸が細かく枝分かれすることで植物細胞膜との接触面の面積を増大し，植物細胞からの栄養搾取を効率的に行うことができる．
（解説）7-2 節を参照せよ．

7-2　病原菌の感染は，感染した宿主個体の成長量や繁殖量にマイナスの影響を及ぼし，場合によっては死に至らしめる．感染率の増加にともない，宿主植物の個体群レベルでの増加率の減少や，死亡率の増加につながる．その結果，宿主となる植物種と，宿主でない植物種との種間競争が変化する．これにより，宿主と非宿主からなる植物群落の種数や種組成に波及的に影響が及ぶ．
（解説）7-4 節を参照せよ．

8-1　選択的な脱リグニンにより，リグニン化していたセルロースにセルラーゼが作用しやすくなるので，落葉の分解速度は促進される．セルロース分解活性を有する菌類や，その分解産物である糖類を利用する糖依存菌の定着も促進される．
（解説）8-2 節を参照せよ．

8-2　葉圏菌類の分離菌株を用いた，滅菌落葉への接種・培養試験により，潜在的な分解力を評価する．滅菌して葉圏菌類を除去した落葉と，滅菌せず葉圏菌類が定着したままの落葉を同じ条件下で分解させ，分解速度や分解プロセスがどのように変化するのかを調べる．
（解説）8-3 節を参照せよ．

8-3　自由回答．
（解説）プラスの側面の例として，バイオパルピング（菌類を利用したパルプ原料のリグニン分解），ダイオキシンの分解，堆肥化（コンポスティング），アルコール発酵，など．マイナスの側面の例として，木材建築物の腐朽，食品の腐敗，衣類の分解，遺跡のカビ汚染，書物のしみ，など．

9-1　地衣類は菌類に分類される．ミコビオントの子実体の形態に基づいて，種が分類されるため．
（解説）9-1 節を参照せよ．

9-2　地衣共生には，フォトビオントとよばれる藻類・シアノバクテリアと，ミコビオントとよばれる菌類が関わっている．フォトビオントは，光合成による有機物生産を担う．ミコビオントは，フォトビオントに生育環境を提供する役割を担う．
（解説）9-3 節を参照せよ．

9-3　下記回答例から 3 つ．

- 一次生産．光合成により水と大気中の二酸化炭素からグルコースを合成し，酸素を放出する．
- 窒素の供給．空中窒素固定により生態系に窒素を取り込み，葉状体が分解されることで土壌に窒素を供給する．
- 無機養分の供給．地衣類はシュウ酸カルシウムなどの有機酸により，また，菌糸が割れ目や隙間に入り込むことにより，岩石や母材の物理的・化学的な風化を促す．
- 動物の資源．トナカイ，シベリアジャコウジカ，ハリモミライチョウなどの主要なエサとなり，また，鳥類の巣材となる．
- 土壌の保護．藻類やシアノバクテリア，蘚苔類や菌類，細菌類などの微生物とともに生物土膜を形成して土壌表面を覆うことで，土壌形成，水分や栄養分の保持，土壌流出の抑制，土壌の温度上昇といった働きを担う．

（解説）9-2 節と 9-4 節を参照せよ．

10-1　菌糸の長さ $L = 7,867\times 100\,(\mathrm{cm/g})$, 断面積 $C = \pi\times r^2 = \pi\times(1\times 10^{-4})^2$ (cm^2)，密度 1.1 $(\mathrm{g/cm}^3)$，新鮮重量に占める乾燥重量の割合が 15%であるか

ら，落葉 1 グラムに含まれる菌糸の乾燥重量 $= L \times C \times 1.1 \times 0.15 \fallingdotseq 0.004$ (g).

10-2　自由回答.
（解説）環境問題には，大気汚染，酸性雨，水質汚染，土壌汚染，地球温暖化，海面上昇，凍土融解，生物多様性の消失，外来生物，生態系の破壊，砂漠化などがある.

11-1　下表のとおり.

	亜寒帯林	温帯林
菌株数の合計	52	215
OTU の豊富さ（S）	3	13
シンプソンの多様度指数（D）	1.484	3.352
均等度（E）	0.495	0.258

（解説）まず菌株数の合計と，OTU の豊富さ（S）を計算する．次に，各 OTU の相対優占度を算出する．表 11-2 より，シンプソンの多様度指数 $D = 1/\Sigma P_{\mathrm{i}}^2$，ただし P_{i} は種 i の相対優占度．均等度 $E = D/S$．これらの式に従って計算する.

11-2　分類学的多様性は，分類学的な基本単位である種や OTU の数を評価する．機能的多様性は，群集を構成する種ごとの表現型や生態機能といった機能形質の違いに注目し，種の違いを形質の違いに基づいて表現した群集の多様性指標である．系統的多様性は，群集を構成する種のあいだの系統の違いに基づいて表現した群集の多様性指標である.
（解説）11-2 節を参照せよ.

12-1　砂漠，極地，岩の表面，海水の中，ジャム瓶の中，など．有害なナトリウムイオンや塩素イオンを液胞に集積することで，菌糸内の塩分濃度を調整する能力や，浸透圧調整物質である多価アルコールを細胞内に集積することで，細胞質の浸透圧を調節する能力が適応的といえる．
（解説）12-2 節を参照せよ．

12-2　自由回答．
（解説）地球温暖化，海水面の上昇，積雪や降雨の変化，台風の頻度や強度の変化などが挙げられる．地球温暖化が及ぼす影響についての回答例は，下記のとおりである．地球温暖化にともなう気温の上昇にともなって，落葉分解菌はその地理的な分布を高緯度地域や高標高域へと移動する可能性がある．ある地点でみると，落葉分解菌の種数も増加することが予想され，特に，活発なリグニン分解活性を有する菌類の出現頻度が増加する可能性がある．落葉分解菌の分解活性は，約 25 ℃までの範囲で，温度にともなって増加することが予想される．12-3 節を参照せよ．

引用文献

Adl S.M., *et al.* (2012) The revised classification of eukaryotes. *Journal of Eukaryotic Microbiology* **59**: 429–514.

Aguilar-Trigueros C.A., *et al.* (2015) Branching out: towards a trait-based understanding of fungal ecology. *Fungal Biology Reviews* **29**: 34–41.

Ahmadjian V. (1993) The Lichen Symbiosis. John Wiley & Sons, USA.

Akiyama K., Matsuzaki K. & Hayashi H. (2005) Plant sesquiterpenes induce hyphal branching in arbuscular mycorrhizal fungi. *Nature* **435**: 824–827.

Allan Green T.G., *et al.* (2012) Extremely low lichen growth rates in Taylor Valley, Dry Valleys, continental Antarctica. *Polar Biology* **35**: 535–541.

Armstrong R.A. (2011) The biology of the crustose lichen *Rhizocarpon geographicum*. *Symbiosis* **55**: 53–67.

Arnold A.E. & Lutzoni F. (2007) Diversity and host range of foliar fungal endophytes: are tropical leaves biodiversity hotspots? *Ecology* **88**: 541–549.

Barnett H.L. & Hunter B. B. (1998) Illustrated Genera of Imperfect Fungi. APS Press, USA.

Beiler K.J., *et al.* (2010) Architecture of the wood-wide web: *Rhizopogon* spp. genets link multiple Douglas-fir cohorts. *New Phytologist* **185**: 543–553.

Boucher V.L. & Stone D.F. (2005) Epiphytic lichen biomass. The Fungal Community: Its Organization and Role in the Ecosystem (3rd ed), pp. 583–599.

Bridge P.D., Spooner B.M. & Roberts P.J. (2008) Non-lichenized fungi from the Antarctic region. *Mycotaxon* **106**: 485–490.

Burdon J.J. & Chilvers G.A. (1977) The effect of barley mildew on barley and wheat competition in mixtures. *Australian Journal of Botany* **25**: 59–65.

Campbell J., Fredeen A.L. & Prescott C.E. (2010) Decomposition and nutrient release from four epiphytic lichen litters in sub-boreal spruce forests. *Canadian Journal of Forest Research* **40**: 1473–1484.

Chanclud E. & Morel J.B. (2016) Plant hormones: a fungal point of view. *Molecular Plant Pathology* **17**: 1289–1297.

Clay K. & Schardl C.L. (2002) Evolutionary origins and ecological consequences of endopytes symbiosis with grasses. *The American Naturalist* **160**: S99–127.

Deacon J.W. (1997) Modern Mycology, third edition. Blackwell Science, Oxon, UK.

Domsch K.H., Gams W. & Anderson T.H. (2007) Compendium of Soil Fungi, Second edition. IHW-Verlag, Eching, Germany.

Easton H.S. & Fletcher L.R. (2007) The importance of endophyte in agricultural systems - changing plant and animal productivity. In: Proceedings for the 6th International Endophyte Symposium, March 25–28, 2007 (ed by A. Popay & E. Thom), New Zealand Grassland Association, pp. 11–18.

Ferguson B.A., *et al.* (2003) Coarse-scale population structure of pathogenic *Armillaria* species in a mixed-conifer forest in the Blue Mountains of northeast Oregon. *Canadian Journal of Forest Research* **33**: 612–623.

Fernández-Mendoza F. & Printzen C. (2013) Pleistocene expansion of the bipolar lichen *Cetraria aculeata* into the Southern hemisphere. *Molecular Biology* **22**: 1961–1983.

Funk A. (1985) Foliar Fungi of Western Trees. Canadian Forestry Services, Pacific Forest Research Centre, BC–X–265.

Gams W. (1997) *Cephalosporium*-like Hyphomycetes. The Hyphomycete course in Sugadaira, August 1997.

Grgurinovic C.A. (2003) The Genus *Mycena* in South-East Australia. Fungal Diversity Press, Hong Kong.

Grube M. & Hawksworth D.L. (2007) Trouble with lichen: the re-evaluation and re-interpretation of thallus form and fruit body types in the molecular era. *Mycological Research* **111**: 1116–1132.

Hanlin R.T. (1990) Illustrated Genera of Ascomycetes. APS Press, St. Paul, Minnesota.

Hartnett D.C. & Wilson G.W. (1999) Mycorrhizae influence plant structure and diversity in tallgrass prairie. *Ecology* **80**: 1187–1195.

Hawksworth D.L. (1991) The fungal dimension of biodiversity: magnitude, significance, and conservation. *Mycological Research* **95**: 641–655.

Hawksworth D.L. (2001) The magnitude of fungal diversity: the 1.5 million species estimate revisited. *Mycological Research* **105**: 1422–1432.

Hetrick B.A.D., Wilson G.W.T. & Hartnett D.C. (1989) Relationship between mycorrhizal dependence and competitive ability of two tallgrass prairie grasses. *Canadian Journal of Botany* **67**: 2608–2615.

Hibbett D.S., *et al.* (2011) Progress in molecular and morphological taxon discovery in Fungi and options for formal classification of environmental sequences. *Fungal Biology Reviews* **25**: 38–47.

Hirose D., *et al.* (2016) Diversity and community assembly of moss-associated fungi in ice-free coastal outcrops of continental Antarctica. *Fungal Ecology* **24**: 94–101.

Hirose D., *et al.* (2017) Abundance, richness, and succession of microfungi in relation to chemical changes in Antarctic moss profiles. *Polar Biology* **40**: 2457–2468.

Ikeda A., *et al.* (2014) Comparison of the diversity, composition, and host recurrence of xylariaceous endophytes in subtropical, cool temperate, and subboreal regions in Japan. *Population Ecology* **56**: 289–300.

Ingold C.T. & Hudson H.J. (1993) The Biology of Fungi, Sixth Edition. Chapman & Hall, London, UK.

Ishida T.A., Nara K. & Hogetsu T. (2007) Host effects on ectomycorrhizal fungal communities: insight from eight host species in mixed conifer-broadleaf forests. *New Phytologist* **174**: 430–440.

Jinks J.L. (1952) Heterokaryosis: a system of adaptation in wild fungi. *Proceeding of the Royal Society (London) Series B* **140**: 83–99.

Jones M.D.M., *et al.* (2011) Discovery of novel intermediate forms redefines the fungal tree of life. *Nature* **474**: 200–205.

Kendrick B. (2000) The Fifth Kingdom. Focus Publishing, Newburyport, USA.

Kiffer E. & Morelet M. (2000) The Deuteromycetes. Mitosporic Fungi, Classification and Generic Keys. Science Publishers Inc., Enfield, USA.

Kirk P.M., *et al.* (2008) Dictionary of the Fungi, 10th Edition. CABI.

Lutzoni F. & Miadlikowska J. (2009) Lichens. *Current Biology* **19**: 502–503.

Matsuoka S., *et al.* (2016) Disentangling the relative importance of host tree community, abiotic environment, and spatial factors on ectomycorrhizal fungal assemblages along an elevation gradient. *FEMS Microbiology Ecology* **92**: fiw044.

Mora C., *et al.* (2011) How many species are there on Earth and in the ocean? *PLoS Biology* **9**: e1001127.

Morris C.E. & Kinkel L.L. (2002) Fifty years of phyllosphere microbiology: significant contributions to research in related fields. In: Phyllosphere Microbiology (eds. by S.E. Lindow, E.I. Hecht-Poinar & V.J. Elliot), APS Press, pp. 365–375.

Nara K. (2006) Ectomycorrhizal networks and seedling establishment during early primary succession. *New Phytologist* **169**: 169–178.

Nara K. (2008) Spores of ectomycorrhizal fungi: ecological strategies for germination and dormancy. *New Phytologist* **181**: 245–248.

Newell S.Y. (1992) Estimating fungal biomass and productivity in decomposing litter. In: The Fungal Community (eds. by G.C. Carroll & D.T. Wicklow), Marcel Dekker, New York, pp. 521–561.

Nilsson R.H., *et al.* (2008) Intraspecific ITS variability in the kingdom Fungi as expressed in the international sequence databases and its implications for molecular species identification. *Evolutionary Bioinformatics Online* **4**: 193–201.

O'Brien H.E., *et al.* (2005) Fungal community analysis by large-scale sequencing of environmental samples. *Applied and Environmental Microbiology* **71**: 5544–5550.

Ochyra R., Lewis Smith R.I. & Bednarek-Ochyra H. (2008) The Illustrated Moss Flora of Antarctica. Cambridge University Press, Cambridge.

Osono T. (2006) Role of phyllosphere fungi of forest trees in the development of decomposer fungal communities and decomposition processes of leaf litter. *Canadian Journal of Microbiology* **52**: 701–716.

Osono T. (2008) Endophytic and epiphytic phyllosphere fungi of *Camellia japonica*: seasonal and leaf age dependent variations. *Mycologia* **100**: 387–391.

Osono T. (2011) Diversity and functioning of fungi associated with leaf litter decomposition in an Asian climatic gradient. *Fungal Ecology* **4**: 375–385.

Osono T. (2014) Metagenomic approach yields insights into fungal diversity and functioning. In: Species Diversity and Community Structure: Novel Patterns and Processes in Plants, Insects, and Fungi. SpringerBriefs in Biology (eds. by T. Sota, H. Kagata, Y. Ando, S. Utsumi & T. Osono), Springer, Berlin, pp. 1–23.

Osono T. (2015a) Diversity, resource utilization, and phenology of fruiting bodies of litter-decomposing macrofungi in subtropical, temperate, and subalpine forests. *Journal of Forest Research* **20**: 60–68.

Osono T. (2015b) Hyphal length in the forest floor and soil of subtropical, temperate, and subalpine forests. *Journal of Forest Research* **20**: 69–76.

Osono T. (2015c) Effects of litter type, origin of isolate, and temperature on decomposition of leaf litter by macrofungi. *Journal of Forest Research* **20**: 77–84.

Osono T. (2015d) Decomposing ability of diverse litter-decomposer macrofungi in subtropical, temperate, and subalpine forests. *Journal of Forest Research* **20**: 272–280.

Osono T. (2016) Bleached leaf litter of forest trees and associated fruiting bodies of fungi in tropical Asia and Australia. *The Harris Science Review of Doshisha University* **57**: 204–212.

Osono T. & Takeda H. (2001) Organic chemical and nutrient dynamics in decomposing beech leaf litter in relation to fungal ingrowth and succession during three year decomposition processes in a cool temperate deciduous forest in Japan. *Ecological Research* **16**: 649–670.

Osono T. & Takeda H. (2002) Comparison of litter decomposing ability among diverse fungi in a cool temperate deciduous forest in Japan. *Mycologia* **94**: 421–427.

Osono T. & Takeda H. (2006) Fungal decomposition of *Abies* needle and *Betula* leaf litter. *Mycologia* **98**: 172–179.

Osono T. & Hirose D. (2009a) Ecology of endophytic fungi associated with leaf litter decomposition. In: Applied Mycology (eds. by M. Rai & P. Bridge), CAB International, pp. 92–109.

Osono T. & Hirose D. (2009b) Altitudinal distribution of microfungi associated with *Betula ermanii* leaf litter on Mt. Rishiri, northern Japan. *Canadian Journal of Microbiology* **55**: 783–789.

Osono T. & Trofymow J.A. (2012) Microfungal diversity associated with *Kindbergia oregana* in successional forests of British Columbia. *Ecological Research* **27**: 35–41.

Osono T., *et al.* (2012) Abundance and diversity of fungi in relation to chemical changes in arctic moss profiles. *Polar Science* **6**: 121–131.

Rudger J.A. & Clay K. (2007) Endophyte symbiosis with tall fescue: how strong are the impacts on communities and ecosystems? *Fungal Biology Reviews* **21**: 107–124.

Salgado-Salazar C., Rossman A.Y. & Chaverri P. (2013) Not as ubiquitous as we thought: taxonomic crypsis, hidden diversity and cryptic speciation in the cosmopolitan fungus *Thelonectria discophora* (Nectriaceae, Hypocreales, Ascomycota). *PLoS ONE* **8**: e76737.

Schmit J.P. & Mueller G.M. (2007) An estimate of the lower limit of global fungal diversity. *Biodiversity and Conservation* **16**: 99–111.

Spatafora J.W., *et al.* (2016) A phylum-level phylogenetic classification of zygomycete fungi based on genome-scale data. *Mycologia* **108**: 1028–1046.

Stajich J.E., *et al.* (2009) The fungi. *Current Biology* **19**: R840–R645.

Stenroos S.K. & DePriest P.T. (1998) SSU rDNA phylogeny of cladoniform lichens. *American Journal of Botany* **85**: 1548–1559.

Stone J.K. (1987) Initiation and development of latent infection by *Rhabdocline parkeri* on Douglas fir. *Canadian Journal of Botany* **65**: 2614–2621.

Strullu-Derrien C., *et al.* (2014) Fungal associations in *Horneophyton ligneri* from the Rhynie Chert (c. 407 million year old) closely resemble those in extant lower land plants: novel insights into ancestral plant-fungus symbioses. *New Phytologist* **203**: 964–979.

Tedersoo L., *et al.* (2012) Towards global patterns in the diversity and community structure of ectomycorrhizal fungi. *Molecular Ecology* **21**: 4160–4170.

Zimmerman N.B. & Vitousek P.M. (2012) Fungal endophyte communities reflect environmental structuring across a Hawaiian landscape. *Proceedings of the National Academy of Sciences* **109**: 13022–13027.

索　引

記号・英数字

ア行

カ行

サ行

タ行

ナ行

ハ行

マ行

ヤ行

ラ行

著者紹介

大園享司（おおその たかし）

略　歴　2001年京都大学大学院農学研究科博士後期課程退学．同年京都大学大学院農学研究科助手（2007年より助教），2008年京都大学生態学研究センター准教授などを経て，2016年より現職．2006年日本菌学会平塚賞，2007年日本生態学会宮地賞，2017年日本森林学会賞，2018年日本生態学会大島賞．

現　在　同志社大学理工学部教授・博士（農学）

専　攻　生態学・生物多様性科学

著　書　『生き物はどのように土にかえるのか・動植物の死骸をめぐる分解の生物学』（ベレ出版，2018）『山岳生態学のすすめ・カナディアンロッキー』（京都大学学術出版，2015），『微生物の生態学』（共編著，共立出版，2011）など．

U R L　http://www1.doshisha.ac.jp/~tosono/

基礎から学べる菌類生態学

Basic Fungal Ecology

2018年3月10日　初版1刷発行
2024年9月 1 日　初版3刷発行

著　者　大園享司　© 2018

発行者　南條光章

発行所　**共立出版株式会社**

〒112-0006
東京都文京区小日向4丁目6番地19号
電話（03）3947-2511（代表）
振替口座 00110-2-57035
URL www.kyoritsu-pub.co.jp

印　刷
製　本　藤原印刷

一般社団法人
自然科学書協会
会員

検印廃止
NDC 468, 474.6~474.9

ISBN 978-4-320-05787-6

Printed in Japan